JN274242

シリーズ 新しい気象技術と気象学 ②

日本付近の低気圧のいろいろ

Yonejiro Yamagishi
山岸米二郎 [著]

New Meteorological Technology & Meteorology

東京堂出版

シリーズ「新しい気象技術と気象学」の刊行によせて

　近年における気象技術・気象学の著るしい発展には，目を見はるものがあります．そしてその成果は，テレビの気象情報番組をはじめわれわれの毎日の生活のさまざまな面にみられます．気象衛星の雲画像，気象レーダーによる降雨分布，アメダスの風や気温分布などが，アニメを使った画情報として日常的にお茶の間で手に取るようにわかり，親しまれています．

　また，天気予報の精度が向上すると共に予報の種類も多くなり，例えばテレビ画面で強弱を伴った降雨域の予想のアニメ表示をみて，外出の前に自分で天気を予想することもできるようになりました．

　本シリーズでは，合計6冊の本の刊行を企画していますが，一般読者の方々に面白く，楽しく，わかりやすく，こうした気象情報の内容やその基になっているさまざまな気象観測システムと気象資料，天気予報技術を紹介しています．さらに，こうした進化した気象観測技術，天気予報技術が生み出された背景とそこにあるこんにちの気象学・気象技術の発展についてお話しするつもりで編集しました．

　このシリーズで取り上げたテーマとしては，「新しい気象観測技術の全容」，「新しい天気予報の現状と今後の展望」「新しい長期予報の全容」といった新しい観測技術・予報技術のさまざまな話題に続いて，日本付近の代表的な気象現象から選んだ，「梅雨前線の正体」，「日本付近に現れるいろいろな低気圧」，「竜巻やゲリラ豪雨をもたらす激しい気象現象」があります．

　しかし，このシリーズの本は専門書ではありません．学問的水準を維持しながら，読者の方々の関心や興味に応じて平易に解説しています．これはというテーマの本を手にとって頂き，日常的に体験する気象現象の実態を知り，その正体を明らかにした情報をゲットして頂きたいと思います．そして，これらの情報がテレビなどの気象情報番組の内容をより深く知り，気象災害時には防災情報を正しく理解する上で役立てば，監修者としてそれにまさるよろこびはありません．

監修者　新田　尚

はしがき

　低気圧というテーマの取り上げ方には二つの方法があります．一つは日本の天気に影響を及ぼす，性質の異なるいろいろの低気圧の構造や発生要因などの基本的特徴を相互に比較しながら説明する方法です．もうひとつは低気圧に伴う天気の解説に主体を置く方法です．

　温帯低気圧に伴う天気分布といっても，季節により雨の降り方が異なり，また特定地点でみれば低気圧の発達段階，移動経路で天気は大きく変わります．天気分布の多様性はしばしば，気圧分布の特徴的形態，たとえば南高北低型，西高東低型，北高型とか，二つ玉低気圧，南岸低気圧などに関連付けて分類され，解説されます．天気の理解という観点では大変興味ある方法で，気象の基礎知識を有している方に適していると思われます．

　本書は気象の初心者を対象にして基礎的な解説を試み，発生要因や構造が異なる低気圧がそれぞれ固有の特徴を持つと同時に，相互に関連しあって多様な天気をもたらす仕組みの解説を主目的にしました．

　現代では天気予報や天気解説を多様なメディアから入手できるだけでなく，アメダス観測による風，気温，降水量，気象レーダー観測による詳細な降水量分布，気象衛星観測による広範囲の雲の分布などの情報（画像）を容易に入手できます．

　基礎的な気象知識を身につけて，各種観測資料を活用して気象情報を身の回りの細かい天気の解釈に役立てる経験を積んで気象を楽しんでいただきたいと思います．基礎的な気象知識を実際の天気の理解に活用する例示として「地形の影響と天気」の章を設けて解説しました．

　本書はできるだけ数式を用いずにわかりやすく説明する方針で記述しています．理論的事項や数式などはコラムで解説して読者の便を図りました．

　新田尚様には草案の誤りをご指摘いただくとともに貴重なコメントをいただきました．心より感謝申し上げます．

目 次

はしがき

1. いろいろな低気圧 …………………………………………………… 9
1.1 低気圧とは ………………………………………………………… 9
1.2 いろいろな低気圧の形態 ………………………………………… 9
1.2.1 温帯低気圧 ………………………………………………… 10
1.2.2 台風 ………………………………………………………… 14
1.2.3 寒気内低気圧 ……………………………………………… 18
1.2.4 竜巻 ………………………………………………………… 20
1.2.5 いろいろな低気圧のみかた ……………………………… 20
コラム 1　気圧と気圧の高度変化 ……………………………… 23

2. 温帯低気圧 …………………………………………………………… 27
2.1 温帯低気圧の構造とライフサイクル …………………………… 27
2.1.1 高層天気図でみる温帯低気圧の立体構造 ……………… 27
2.1.2 温帯低気圧のライフサイクル …………………………… 33
2.1.3 前線 ………………………………………………………… 36
2.1.4 ビヤークネスの低気圧モデル …………………………… 39
2.2 風はどのように吹くのだろうか ………………………………… 40
2.2.1 運動と力 …………………………………………………… 41
2.2.2 空気の運動と座標系 ……………………………………… 41
2.2.3 空気を動かす力 …………………………………………… 41
2.2.4 空気塊に働く力と風の吹き方 …………………………… 44
2.3 温帯低気圧とジェット気流 ……………………………………… 50
2.3.1 ジェット気流 ……………………………………………… 50
2.3.2 ジェット気流と大気の立体構造 ………………………… 52
2.3.3 気団と前線帯 ……………………………………………… 53
2.4 温帯低気圧の発生と発達の機構 ………………………………… 55
2.4.1 温帯低気圧の発生 ………………………………………… 55

2.4.2 温帯低気圧の発達 …………………………………… 56
   2.4.3 温帯低気圧の発達と熱の南北交換 ……………… 59
 2.5 温帯低気圧を取り巻く空気の運動 ……………………… 60
   2.5.1 流線と流跡線 ………………………………………… 60
   2.5.2 温帯低気圧周辺の流跡線 …………………………… 61
 2.6 温帯低気圧に伴う雲と降水 ……………………………… 62
 2.7 梅雨前線と低気圧 ………………………………………… 64
   2.7.1 天気図でみる梅雨前線 ……………………………… 64
   2.7.2 梅雨前線に伴う雲と降水 …………………………… 67
 2.8 気候的にみた日本付近の温帯低気圧 …………………… 69
   2.8.1 発生域の分布 ………………………………………… 69
   2.8.2 発生域偏在の要因 …………………………………… 70
   2.8.3 日本付近の発生域の季節変動 ……………………… 72
   2.8.4 温帯低気圧の移動 …………………………………… 72
 2.9 急速に発達する温帯低気圧 ……………………………… 73
   2.9.1 急速発達低気圧 ……………………………………… 73
   2.9.2 急速発達低気圧の地域分布 ………………………… 75
 コラム 2 等圧面天気図 ……………………………………… 77
 コラム 3 コリオリの力 ……………………………………… 79
 コラム 4 傾度風，旋衡風の加速度と遠心力 ……………… 82
 コラム 5 空気塊の気温変化及び雲と降水の生成 ………… 84
 コラム 6 傾圧大気と順圧大気 ……………………………… 89
 コラム 7 低気圧モデル発展の歴史 ………………………… 90
 コラム 8 渦度と渦管 ………………………………………… 94

3. 寒冷低気圧 ……………………………………………………… 99
 3.1 寒冷低気圧とブロッキング ……………………………… 99
   3.1.1 寒冷低気圧 …………………………………………… 99
   3.1.2 ブロッキング ………………………………………… 99
 3.2 寒冷低気圧の形成過程 …………………………………… 101
 3.3 寒冷低気圧の立体構造と天気 …………………………… 102

  3.3.1　寒冷低気圧の立体構造 …………………… 102

  3.3.2　寒冷低気圧と天気 ……………………………… 103

4. 台風　　　　　　　　　　　　　　　　　　　　　105

 4.1　台風の発生域と移動 ……………………………… 105

 4.2　台風の構造 ………………………………………… 106

  4.2.1　気圧の水平分布 ……………………………… 106

  4.2.2　地上風の分布 ………………………………… 107

  4.2.3　台風の立体構造 ……………………………… 109

 4.3　台風の発達 ………………………………………… 112

  4.3.1　台風と有効位置エネルギー ………………… 112

  4.3.2　温暖核構造の生成 …………………………… 112

  4.3.3　地表摩擦と強風の生成 ……………………… 112

  4.3.4　台風の目の形成 ……………………………… 113

  4.3.5　目の形と風速の鉛直分布 …………………… 114

  4.3.6　台風の発達と海面水温 ……………………… 115

 4.4　台風の降雨帯 ……………………………………… 116

 4.5　台風周辺の流跡線 ………………………………… 116

  コラム 9　角運動量 ………………………………… 119

  コラム 10　台風の中心気圧はどうして決める？ … 120

5. 寒気内低気圧　　　　　　　　　　　　　　　　　121

 5.1　突風と高波をもたらす寒気内低気圧 …………… 121

 5.2　寒気内低気圧の構造と発達の仕組み …………… 123

  5.2.1　寒気内低気圧の環境場 ……………………… 124

  5.2.2　寒気内低気圧の構造 ………………………… 125

  5.2.3　雲と降水の形態 ……………………………… 127

 5.3　寒気内低気圧は台風的か温帯低気圧的か ……… 128

6. 竜巻　　　　　　　　　　　　　　　　　　　　　129

 6.1　竜巻の構造 ………………………………………… 129

	6.1.1	竜巻の強さ …………………………………………	129
	6.1.2	竜巻の風速分布と気圧分布 ………………………	130
6.2		竜巻の強風はどのように生成されるか ………………	132
6.3		竜巻の発生機構 ………………………………………	133
	6.3.1	非スーパーセル竜巻 ………………………………	133
	6.3.2	スーパーセル竜巻 …………………………………	134
6.4		竜巻の監視 ……………………………………………	135

7. 熱的低気圧 …………………………………………………… 137

- 7.1 熱的低気圧の生成 …………………………………… 137
  - 7.1.1 日射加熱と気温の日変化 ……………………… 137
  - 7.1.2 熱的低気圧形成の原理 ………………………… 138
- 7.2 日射加熱と局地風 …………………………………… 138
  - 7.2.1 海陸風 …………………………………………… 139
  - 7.2.2 山谷風 …………………………………………… 140
- 7.3 中部山岳域の熱的低気圧 …………………………… 141
  - 7.3.1 熱的低気圧と広域局地風 ……………………… 141
  - 7.3.2 中部山岳域の熱的低気圧の形成要因 ………… 143

8. 地形の影響と天気 …………………………………………… 145

- 8.1 局地の天気 …………………………………………… 145
- 8.2 台風に伴う降水分布と地形 ………………………… 145
- 8.3 温帯低気圧と関東地方の気象 ……………………… 147
  - 8.3.1 温帯低気圧の接近前の気象 …………………… 147
  - 8.3.2 温帯低気圧通過時の気象 ……………………… 150
  - 8.3.3 寒冷前線の通過と気象変化 …………………… 151
- 8.4 現代の観天望気 ……………………………………… 152

低気圧に関連する気象を更に理解するために ……………… 153
付録　天気図の記入形式と記号 ………………………………… 155
索　引

1. いろいろな低気圧

1.1 低気圧とは

　この本は日本付近に現れるいろいろな低気圧の形態的特徴，発生機構や天気分布などを分かりやすく解説して気象の理解を深めていただき，天気予報をはじめとして様々な気象情報の高度利活用に役立てていただくことを狙いとしています．

　『気象科学事典』（日本気象学会編）は「低気圧」を次のように説明しています．
【気圧分布の一形態で，天気図上で閉じた等圧線（等高線）で囲まれ，周囲より相対的に気圧が低い領域を指す．その逆が高気圧である．

　低気圧は，出現する緯度帯，地理的分布，その発生するメカニズム，空間スケール等により様々な名称で分類される．

　（中略）

　一般に，低気圧が悪天候を伴うものとして天気予報で重視されるのは，大気下層の収束に起因する上昇流が水蒸気の凝結を通じて雲の発生や降水をもたらすからである】

1.2 いろいろな低気圧の形態

　上の説明にあるように低気圧にはいろいろな種類があります．この本では温帯低気圧，台風（熱帯低気圧），寒冷低気圧，寒気内低気圧，竜巻，熱的低気圧の六種類の低気圧を説明します．このうち日々の天気変化にもっとも関係の深い温帯低気圧を特に詳しく説明し，そのなかで天気図の見方や大気の流れをつかさどる原理なども説明します．台風と竜巻はこのシリーズの「激

しい大気現象」で詳しく説明されています．温帯低気圧は通常単に低気圧と呼ばれますが，この本ではいろいろな低気圧を扱いますので温帯低気圧と記します．

初めに温帯低気圧，台風，寒気内低気圧，竜巻の四つの種類の低気圧の特徴的な姿を，天気図や気象衛星の雲画像，降水分布などで概観します．

1.2.1 温帯低気圧

（a）地上天気図

温帯低気圧の主要な発生域は中・高緯度帯ですが，日本付近では北緯20度から30度の間でもしばしば発生します．図1.1は2010年3月9日21時の地上天気図です(註)．実線は海面気圧の等値線（等圧線）で4hPa毎に描かれています(気圧の解説はコラム1参照)．気圧は高さによって変わります．海面気圧とは海面（高度0m）の気圧です．観測地点の気圧（現地気圧）から海面気圧を求める操作はコラム1を参照してください．関東地方の南西に閉じた等圧線があり，一番内側の気圧は1002hPaで周囲の気圧より低いので低気圧（L）です．この低気圧を今後低気圧Sと呼びます．北海道東方にある閉じた等圧線の一番内側の気圧は1030hPaで周囲より高いので高気圧（H）です．低気圧や高気圧の一番内側の等圧線の値をそれぞれ低気圧，高気圧の中心気圧といいます．中国大陸には1040hPaの高気圧があります．

中国大陸南部，東シナ海，四国沖で発生して，日本の南岸沿いを東北東進する低気圧は南岸低気圧と呼ばれます．南岸低気圧は太平洋側の地方にしばしば大雨や大雪を降らせます．低気圧Sが通過したときも中国地方や本州南岸の地方，東北地方の太平洋側で大雪が降りました．

図1.1に示すように温帯低気圧は前線を伴うのが特徴の一つです．低気圧Sの中心から南東に延びているのが温暖前線，南西に延びているのが寒冷前線です．前線の北側は前線の南側に比較して相対的に低温で，前線は暖気側と寒気側を分ける線状域です（詳しくは2章1節で説明します）．温暖前線と寒冷前線にはさまれた暖気域を暖域と呼びます．寒冷前線の長さを含めると低気圧Sの空間規模は2000km以上あります．

図1.1のところどころに風が記入されています．地表面に相対的な空気の

1. いろいろな低気圧

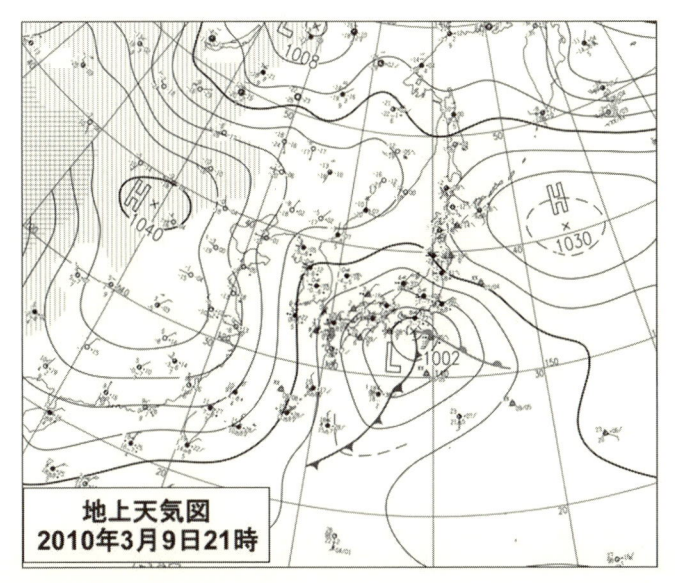

図1.1 地上天気図（2010年3月9日21時）（気象庁）
実線は等圧線（4hPa毎）．Lは低気圧，Hは高気圧．関東地方の南に2章で説明する低気圧Sがあります．前線，天気記号等の説明については付録参照．

　水平運動を風と呼び，鉛直方向の運動は上昇流，下降流といいます．図1.1で気圧分布と風向の関係をみると，風を背に受けて立つと気圧の低い方が左側になる向きに風が吹いています．この関係は天気図で見られるすべての気象に当てはまる大切な原理です（理屈は第2章で学びます）．なお南半球は北半球と反対で風を背にうけて立つと気圧の低い方が右になります．

　詳しくみると風は気圧の高い方から気圧の低い方へ，等圧線を横切るように吹いています．低気圧では中心に向かって吹き込むように，高気圧では中心から吹き出すような風向になっています．風が等圧線を横切るように吹くのは地表摩擦の影響で，地表面から1km〜1.5kmまでの高さです．この層を大気境界層と呼び，それより上の自由大気では地表摩擦の影響が及ばず風は等圧線にほぼ平行に吹きます．これは大規模な大気運動の重要な特性です．

　　（註）天気図の記入形式は付録にまとめてあります．L（低気圧），H（高気圧）
　　　　の記号，風向および風速を示す記号，温暖前線，寒冷前線，閉塞前線の
　　　　記号等を記憶しておくと天気図の理解に役立ちます．

風は気圧の低い方が左になるように吹くので，低気圧の回りでは時計の針の回る向きと反対の向き（反時計まわり）に風が吹き，高気圧の回りでは時計まわりに風が吹きます．反時計回りの流れを低気圧性の流れ，時計回りの流れを高気圧性の流れと言います．

(b) 気象衛星画像と気象レーダー画像

図1.2は図1.1と同じ時刻の，気象衛星で観測した赤外画像です．赤外画像は雲や地球表面から放射される波長およそ $10 \sim 12 \mu m$ の赤外線を気象衛星で受信し，赤外線を放射する物体の温度を可視化したものです．温度の高い物体は暗く（黒く），温度の低い物体は明るく（白く）なるように可視化されています．白く輝いて見えるのは高度が高くて雲頂温度が低い雲です．

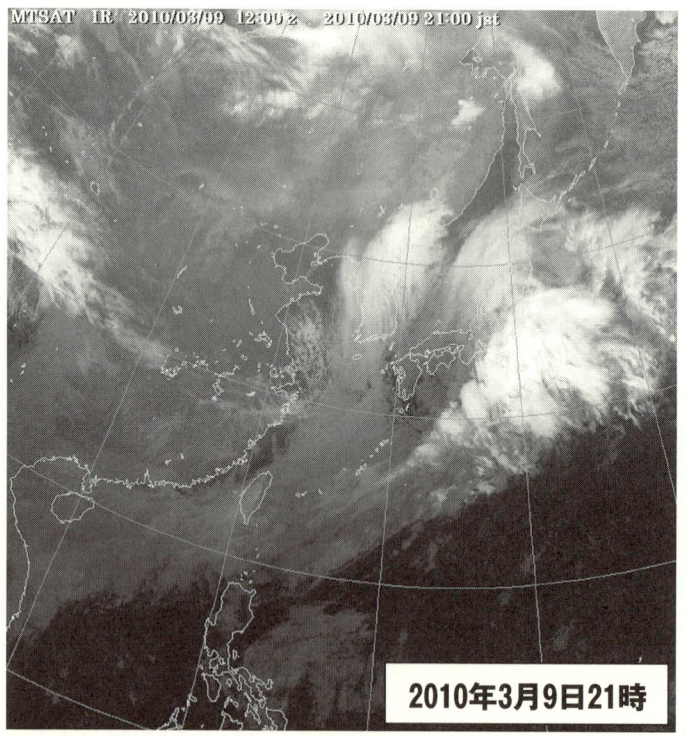

図1.2 図1.1に対応する2010年3月9日21時の気象衛星赤外画像（APLA出力）
低気圧Sの寒冷前線に沿って白く輝く塊状の雲域があります．
（APLAはアルファ・プラネット社の気象解析システムです）

1. いろいろな低気圧

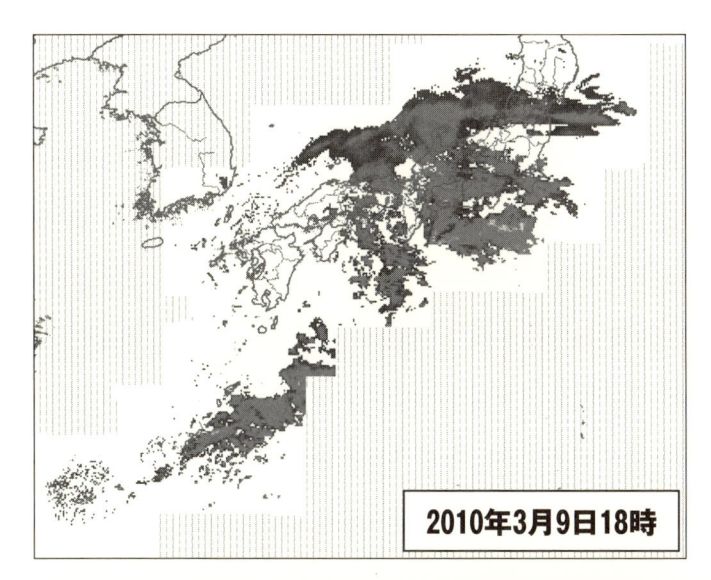

図1.3 レーダーエコー合成図（2010年3月9日18時）（APLA出力）
濃い黒色域とその内の白色域が降雨強度の強い部分です．

海面や地表面は暗（黒）く見えます．

　図1.2をみると寒冷前線に沿って白く輝く塊状の雲が線状に連なっています．白く輝く塊状の雲域は一般に積乱雲の集まりです．低気圧Sに伴う雲域の南側で黒くみえる部分は雲のない海面です．

　図1.3は2010年3月9日18時の気象レーダー合成画像で，各観測点の観測を合成したものです．気象レーダーはマイクロ波帯の電波を発射し，レーダーからおよそ200km以内にある降水粒子の集合から散乱される電波を受信します．図1.3では受信電波の強度から統計的に推定した降水強度で表示されています．図では降水強度の強い所は濃い黒とその内側の白色で，降水強度の弱い部分は淡い黒で表示されています．縦線の部分は電波が届かずレーダーで観測できない区域です．図を見ると低気圧Sの寒冷前線に沿うように線状の降水域が見られます[註]．低気圧Sの北側にも降水域があります．気象衛星画像で白く輝く塊状の雲の所は気象レーダー画像では降水強度が強くなっています．

　気象衛星は広範囲の雲分布を観測しますが，降水は観測できません．一方

気象レーダーは降水を観測できますが，雲は観測できません．両者を併用すると天気分布の詳しい情報が得られます．

(註) 図 1.1, 1.2 と同じ時刻の 9 日 21 時には，寒冷前線に伴う降水域の大部分が観測不能域に移動して見えなくなります．

1.2.2 台風

熱帯あるいは亜熱帯の海洋上で発生する低気圧は，一般に熱帯低気圧と呼ばれます[註1]．熱帯低気圧のうち域内の最大風速が 17m/s 以上で東経 100 度と 180 度の間の北西太平洋域に存在しているものを台風と呼び，インド洋ではサイクロンと呼びます．大西洋と東太平洋で最大風速 33m/s 以上の熱帯低気圧はハリケーンと呼ばれます[註2]．名前は異なりますが同じ性質の低気圧です．

（a）地上天気図

図 1.4 に 2007 年 7 月 14 日 9 時の地上天気図を示します．九州の南西に台風 2007 年第 4 号の中心（×印）があり，中心気圧は 945hPa です．図 1.1 の低気圧 S と比較すると次のような違いがあります．台風は前線を伴っていません．中心付近の等圧線はほぼ円形です．中心付近の等圧線の間隔が低気圧 S に比較して非常に狭い，すなわち水平気圧傾度が大きいです．1000hPa の等圧線の直径は 1000km 以下で低気圧 S に比べると空間規模が小さい低気圧です．

等圧線の間隔が狭いと強い風が吹きます．これも気象の重要な特性です（理屈は第 2 章参照）．等圧線に垂直な水平距離を $\Delta \ell$，$\Delta \ell$ の間の気圧差を Δp とし，気圧が増大する向きの距離を正にとると，気圧傾度 $\Delta p / \Delta \ell$ は正になります．風速は気圧傾度に比例します（厳密には緯度にも関係します．第 2 章参照）．図 1.4 の時刻では台風の中心付近の最大風速は 40m/s と推定されていました．

(註1) 北緯 20 度〜30 度では熱帯低気圧も温帯低気圧も発生しますが，両者は発生メカニズムや構造が異なります．

(註2) 熱帯低気圧はここで述べたように一般的な名称ですが，気象庁の台風

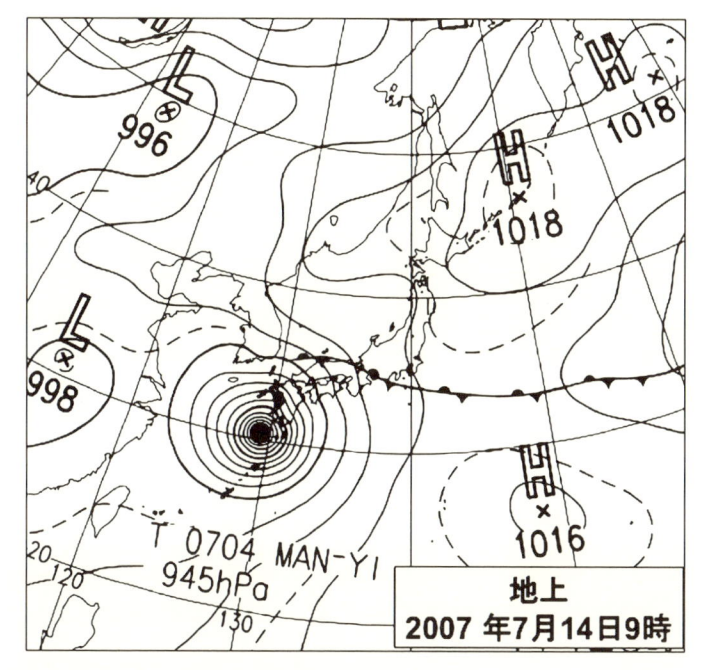

図1.4 地上天気図（2007年7月14日9時）（気象庁）
九州の南に台風平成7年第4号があります．台風の中心近くでは等圧線の間隔が非常に狭い．

情報では，ここでいう熱帯低気圧のうち域内の最大風速が17m/s 以下のものをとくに熱帯低気圧と呼んでいますので混乱しないように注意してください．

（b）気象衛星画像と気象レーダー画像

図1.5は図1.4と同じ時刻の気象衛星赤外画像です．台風の中心付近で黒く見える円形の部分が台風の目です．黒く見えるのは雲が殆ど無くて海面が見えているからです．台風の目の周りを囲む雲域は目の壁雲と呼ばれます．目の壁雲の外側に螺旋状に台風中心に巻き込むような帯状の雲域があります．どちらの雲域も積乱雲から構成されていて背が高く白く輝いています．

図1.6 (a) は図1.4と同じ時刻の気象レーダー合成画像です．濃い黒色域とその内側の白色域が降水強度の強い部分です．レーダー画像でも降水のな

図1.5 図1.4に対応する2007年7月14日9時の気象衛星赤外画像（APLA出力）台風の中心にある雲の無い円形の部分が台風の目です．

い台風の目と目の壁雲，螺旋状の降水帯（スパイラルバンド）がみられます．四国から中部地方の太平洋沿岸部に見られる強い帯状降雨域は，前線や地形に関連した降雨で，台風に直接伴う降雨ではありません．

　図1.6（b）に台風の中心付近を拡大したレーダー合成画像とアメダス観測による風[註]を示します．この図では風の記号を見やすくするために1時間5mm以上の降水の部分だけを示しています．風が台風の中心の周りを反時計まわりに回転するように吹き，25m/sに達する強い風も観測されています．

　　（註）アメダス観測の風（以後アメダス風と略称）の強さ表示は天気図に記入
　　　　する国際式の表し方（付録）と異なります．三角印（旗矢羽）は10m/s,
　　　　長い線（矢羽）は2m/s，短矢羽が1m/sの風速を表します．

1. いろいろな低気圧

(a)

2007年7月14日9時

(b)

2007年7月14日9時

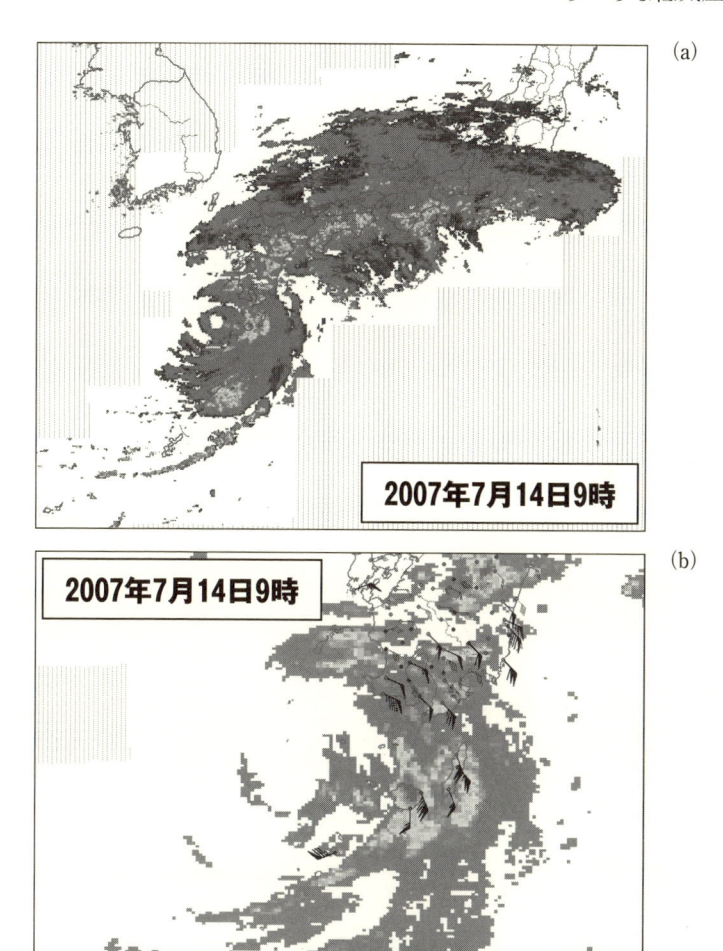

図1.6 図1.4に対応する2007年7月14日9時のレーダーエコー合成図
図 (a) で濃い黒色とその内側の白い部分が降水強度の強い部分です．図 (b) は台風中心付近を拡大して，降雨強度の強い部分とアメダス風を示しています（APLA出力）
アメダスの風速表示は三角印（旗矢羽）が10m/s，長い線（矢羽）が2m/s，短矢羽が1m/sの風速を表します．

1.2.3 寒気内低気圧

図1.7 は2011年2月12日9時の地上天気図です．日本の東に中心の気圧が996hPa で前線を伴った温帯低気圧があります．島根県付近に気圧1004hPaの小さな低気圧があります．これが寒気内低気圧（ポーラーロウ）と呼ばれる低気圧です．日本の東海上にある温帯低気圧の寒冷前線の寒気側に発生しているので寒気内低気圧(註)と呼ばれます．寒気内低気圧は一般に前線を伴いません．寒気内低気圧は大きさが小さいだけでなく，発生機構も特徴も温帯低気圧とは異なります．

(註)「寒気内小低気圧」とも，レーダー画像や気象衛星の画像の形態から「渦状擾乱」とも呼ばれます．ここでは『気象科学事典』（日本気象学会編）の用語に従いました．

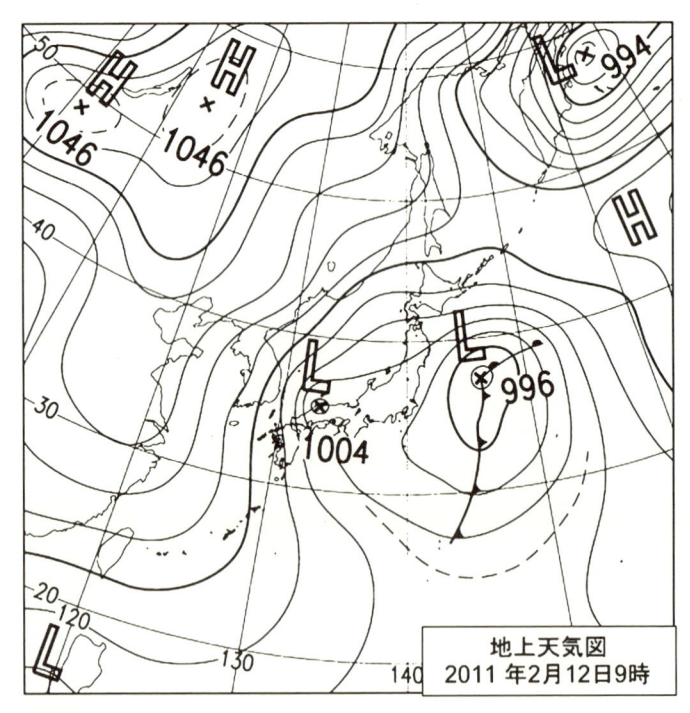

図1.7 地上天気図（2011年2月12日9時）（気象庁）
　　　実線は等圧線（4hPaごと）．島根県沿岸にある1004hPaの低気圧が寒気内低気圧です．

1. いろいろな低気圧

　図1.8（a）は図1.7より6時間前の2011年2月12日3時の気象衛星ひまわりの赤外画像です．日本の東にある温帯低気圧の雲の形態と異なり，中心付近に台風の目のような雲の無い部分があり，渦のような形です．この形から渦状擾乱と呼ばれることがあります．雲域は白く輝いていて，寒気吹き出しにともなう筋状雲に比べると背の高い雲です．図1.8（b）は図1.8（a）

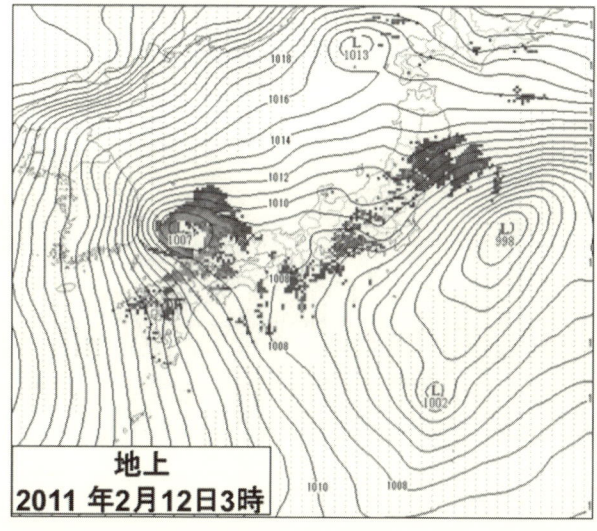

(a)

2011年2月12日3時

(b)

地上
2011年2月12日3時

図1.8 2011年2月12日3時の気象衛星赤外画像(a)及びレーダーエコー合成図と地上等圧線(b)（APLA出力）図(b)の地上等圧線は1hPa毎です．雲画像でもレーダー合成図でも寒気内低気圧に伴う画像は台風の画像に類似しています．

19

と同じ時刻（12日3時）の等圧線の分布（1hPa毎）とレーダーエコー合成図を重ねて示しています．中心付近に降水が無く台風のスパイラルバンドに類似な降水帯がみられます．

寒気内低気圧は水平規模数10km～数100kmの小さい低気圧ですが強風と強い降水をもたらすのが特徴で，気象災害をもたらすことがあります．この事例では浜田市で最大瞬間風速35m/sを記録しています．

1.2.4 竜巻

図1.9は2000年12月25日に伊豆大島で発生した竜巻の写真です．竜巻は鉛直軸の周りに激しく回転している渦で積乱雲から発生します．渦の直径は平均的には100m程度です．竜巻は中心の気圧が周辺より数10hPaも低い小さな低気圧です．地表付近で摩擦により内側に吹き込んだ風が収束して強い上昇流となり，水蒸気が凝結して漏斗雲が形成されます．とても小さい低気圧ですから天気図で見ることはできません．

1.2.5 いろいろな低気圧のみかた

低気圧は一般に強い風を吹かせ，降水をもたらすという共通の特徴があり

図1.9 伊豆大島付近で発生した竜巻（2000年12月25日）の写真（加治屋，広畑，2003）

1. いろいろな低気圧

ます．一方低気圧の種類が異なると，気圧分布の形態，雲や降水分布の特徴が異なることを見てきました．種類が異なる低気圧は空間規模が異なり，発生，発達の機構やライフサイクルも異なります．なおライフサイクルとは気象現象の発生，発達，成熟，衰弱（消滅）の過程（一生，寿命ともいいます）を指す用語です．

これからいろいろな低気圧の特徴をもたらす発生・発達の機構や降水分布等を調べると共に，風の吹く原理などの基本的な事項も適宜説明します．

本書で取り上げる低気圧の水平規模は数千kmの温帯低気圧からわずか100m程度の竜巻までさまざまです．気象現象の空間規模やライフサイクルの時間規模を空間スケール，時間スケールともいいます．図1.10は様々な気象現象を，横軸に空間スケール，縦軸に時間スケールをとって表わしています．空間スケールがわずか1cm程度で時間スケールも1分未満の乱流から，

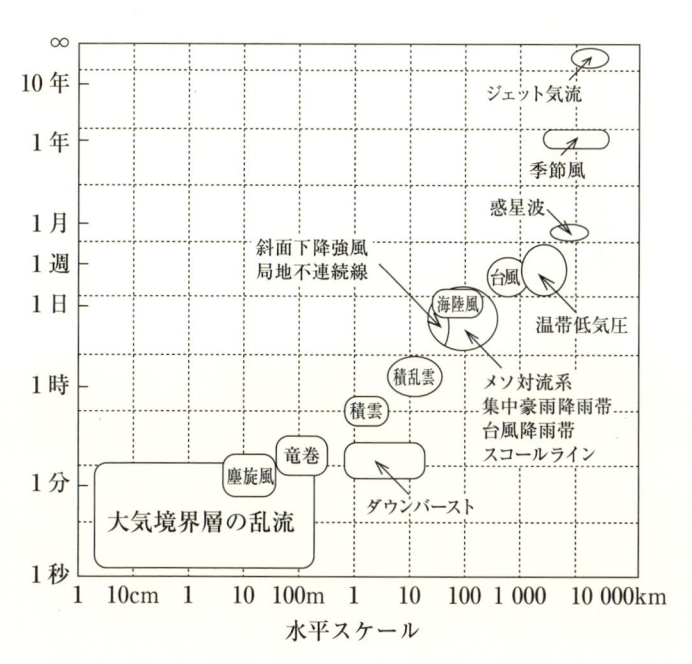

図1.10 大気中のいろいろな現象の空間スケール（横軸）と時間スケール（縦軸）（山岸（2011））

空間スケールが1万km程度で時間スケールが1年の季節風のような現象もあります．この図には示されていませんが，寒気内低気圧は数10kmから数100kmの間，寒冷低気圧は空間，時間とも温帯低気圧とほぼ同じ程度のスケールです．

　現象を空間スケールで大きくまとめて分類して呼ぶことがあります．まとめ方や呼び方は一つに定まっていませんが，1例をあげるとミクロスケール（微小規模，1km以下），メソスケール（中規模，1〜数百km），総観規模（数百〜数千km），大規模（数千km以上）があります．

コラム 1　気圧と気圧の高度変化

(1) 圧力と気圧

　圧力とは物体の面に垂直に働く力で，単位面積当たりの大きさであらわします．気圧は大気の圧力です．圧力の単位はパスカル（1パスカル＝1ニュートン/m^2）です．但し気象では1hPa（ヘクトパスカル）＝ 100パスカルを単位として用います．

　静止している大気のある高さの気圧は，それより上にある単位面積の気柱の重さと同じです．ある点の気圧は左右上下どの向きにも同じ大きさです．高度が高くなるとそれより上にある空気量が減少するので，気圧は高さとともに減少します．

(2) 気圧の高度変化

　気圧 p，気温 T，密度 ρ の間には，次の状態方程式が成立します．

$$p = R_a \rho T \qquad (C1–1)$$

R_a は乾燥空気の気体定数と呼ばれる一定値です．なお T は絶対温度（K）を表し，摂氏温度（℃）を t とすると $T = t + 273.15$ です．

　静止している大気で単位面積の気柱を考え，気柱のなかの空気塊^(註)に働く力の釣り合いを考えます（参考図1）．二つの等圧面の気圧差を Δp，高度差を Δz，密度を ρ とし，重力加速度を g であらわします．なお Δ は微小な量を示す記号です．高さ z は下から上に増加するので Δz は正となります．気圧は上から下に増加するので Δp は負になります．

　空気塊を上面から押す気圧と空気塊の重さの和が下向きに働き，下面を下から上に押す気圧と釣り合うので

$$p + \Delta p + \rho g \Delta z = p$$
$$\Delta p / \Delta z = -\rho g \; (< 0) \qquad (C1–2)$$

これを静力学平衡の関係と呼びます．高度とともに気圧が減少するので，

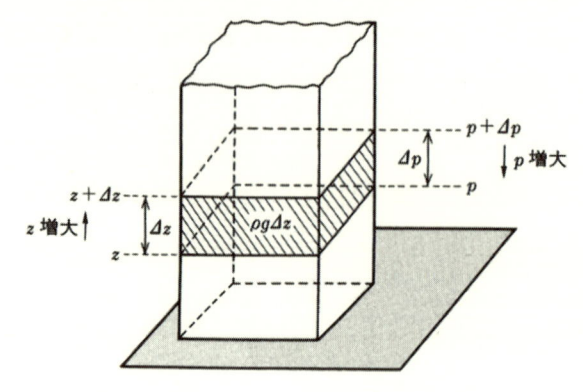

参考図1 静止している空気柱の静力学平衡の説明

Δz が正のとき Δp は負で式（C1―2）の右辺は負符号になります．
　（註）空気塊とは気圧，気温，密度，水蒸気量等の特性が一様な仮想的な空気の塊を表す用語で，大きさにきまりはなく，扱っている事例で異なります．

　大気中では積乱雲の中などを除くと運動していても静力学の関係はよい近似で成立します（静力学近似）．状態方程式を利用すると静力学平衡式は
$$\Delta p = -(p/RT)\,g\,\Delta z \qquad (C1―3)$$
となります．地上気圧と気温の鉛直分布がわかると，式（C1―3）を用いて気圧の高度分布を求めることができます．その式を測高公式と呼びます．

（3）気圧の海面更正

　気圧の海面更正とは現地気圧から海面の気圧を求める操作のことで，静力学平衡の式(C1―3)を用いて計算します．以下に気象庁の方式を説明します．地中に気柱を仮定し，地面から海面までの気温減率は 0.5℃/100m を仮定します．気柱の水蒸気量は気柱の平均気温 t_m にのみ依存すると仮定し，全国どこでも同じ統計的関係を用いて，t_m の水蒸気補正項を計算します．高度が高くなると地上気温の変動による海面気圧への影響が大きくなり，海面気圧の誤差が大きくなります．現地気圧が変わらなくても，気温が上昇すると地面以下に仮定した気柱の重さが軽くなるので，海面気圧は低く計算され

ます．気象庁では海抜高度800m以上の地点では海面更正は行っていません．

(4) 気圧傾度
　式（C1—2）の左辺$\Delta p/\Delta z$は鉛直上向きに測った単位距離当たりの気圧変化量を示しています．単位距離当たりの気圧変化量を気圧傾度と呼びます．
$\Delta p/\Delta z$は鉛直方向の気圧傾度です．水平方向をx, yで表すと$\Delta p/\Delta x$, $\Delta p/\Delta y$は水平方向の気圧傾度を表す記号です．

(5) 層厚
　二つの等圧面の高度差を層厚と呼びます．等圧面に挟まれた空気の質量は一定ですから，気温が高いと気温が低い時に比較して体積が大きいので層厚が大きくなります．これを式で表わすと式（C1—3）から
$$\Delta z = -(\Delta p/p)(R/g)T \qquad (C1—4)$$
　式（C1－4）からわかるように層厚は等圧面の間の平均気温に比例します．等層厚線と二つの等圧面の間の平均気温の等温線は平行になります．

2. 温帯低気圧

2.1 温帯低気圧の構造とライフサイクル

2.1.1 高層天気図でみる温帯低気圧の立体構造

第1章では地上天気図で温帯低気圧を説明しました．温帯低気圧は上空にも及んでいますから，構造を調べるには上層の天気図も必要です．温帯低気圧の発生や発達の理論的説明は後回しにして，この節では現象的ないくつかの特徴を確認します．地上より高いところの天気図は高層天気図と呼ばれます．

初めに準備として大気の鉛直構造や高層天気図の見方を簡単に説明します．

(a) 気温と気圧の鉛直分布

気温の鉛直分布が分かると等圧面の高度分布が計算できます（コラム1）．図2.1に中緯度の平均的状態の気温の鉛直分布と，気温分布から計算した気圧面の高度を示します（米国標準大気）．図には標準的なオゾンの鉛直分布も示されています．気温の鉛直分布の特徴から，大気をいくつかの層に分け，下から対流圏，成層圏，中間圏，熱圏と名付け，各層の境界を対流圏界面，成層圏界面，中間圏界面と呼びます．

気温分布は大局的には放射の射出吸収で決まりますが，対流圏では鉛直方向の大気の運動も大きく関係し，平均して $0.65°C/100m$ の割合で低下しています．対流圏界面から中間圏界面までは放射の効果だけですとほぼ等温から高度とともにゆるやかに低下しますが，成層圏界面にかけて大きく昇温しているのはオゾンによる紫外線の吸収で加熱されるからです．

気温は地上の290Kから中間圏界面の190Kまでおよそ100Kの低下ですが，

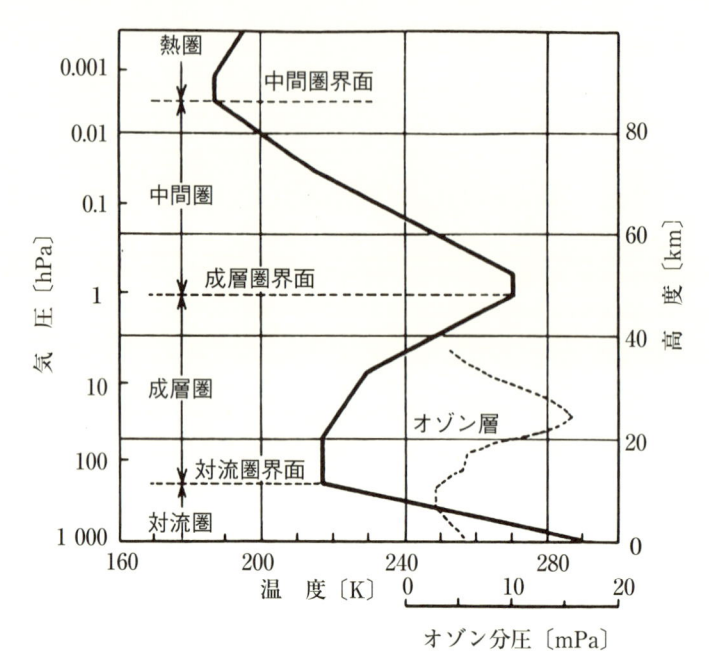

図2.1 米国標準大気の鉛直気温分布（太実線）(山岸, 1997)
横軸は気温, 縦軸は高度 (km, 右側), 気温分布から計算した気圧 (左側). 図には標準的なオゾン分圧の鉛直分布も示されています.

気圧は高度とともに急激に低下します. 地上気圧を1000hPaとすると高度10kmで265hPa, 50kmで0.8hPa, 80kmでは0.01hPaとなります.

図2.1によれば対流圏の高さは10km程度です. 温帯低気圧や台風などの運動がおこり, 雲や降水が生成されて天気変化が起こるのは大部分対流圏内です.

一方図1.1の天気図でも指摘しましたが, 温帯低気圧や高気圧は2000〜3000km程度の水平距離があり, 鉛直高度と水平距離を比較すると薄いせんべいの中で起こるような現象です.

(b) 等高度面天気図と等圧面天気図

地上天気図は等しい高さ（海抜高度0mの海面）の気圧分布を示す等高度面天気図です. これに対し高層天気図は気圧の等しい面, すなわち等圧面の

高度，等圧面上の気温，風等を示す等圧面天気図です．一般に 850hPa（代表的高度 1500m），700hPa（代表的高度 3000m），500hPa（代表的高度 5400m），300hPa（代表的高度 9000m）面の図が利用されます．数値的，量的な関係を知りたい方はコラム 1, 2 を参照してください．

　図 2.2，図 2.3 はそれぞれ図 1.1 の地上天気図と同じ日の同じ時刻の 850hPa 図と 500hPa 図で，気圧がそれぞれ 850hPa，500hPa で一定の等圧面での気温や風などの気象要素の分布が示されています．実線は等圧面の高度が等しい点を結んだ等高線で間隔は 60m 毎です．等高線に付された数値はメートル単位の高度を示し，例えば図 2.2 で数値 1500 は海抜高度 1500m を意味します[註]．破線は等圧面上の気温の等値線（6℃毎）です．図 2.2 の点彩域は気温と露点温度の差が 3℃未満の湿潤域です．図 2.3 の太点線は亜熱帯ジェット気流と呼ばれる強風帯の最強風軸を示します．ジェット気流は本章 3 節で説明します．

　（註）厳密には幾何学的高度ではありませんが，差は極めて小さいので無視します．

(c) 高層天気図の見方（1）　気温分布と等圧面高度分布

　図 2.2，2.3 をみると全体として低緯度の等圧面高度が高緯度の等圧面高度より高く，気温も低緯度側が高緯度側より高い傾向がみられます．二つの等圧面の高度差，すなわち層厚は等圧面の間の平均気温に比例しますから（コラム 1），相対的に気温が高いところは相対的に気温が低いところに比べて高層天気図の高度が高い傾向となります．

　気圧は高さとともに減少しますから，等圧面を等高度面で切断して水平方向の気圧分布をみると，等圧面高度の高い点の気圧が高度の低い点の気圧より高いことが分かります（コラム 2）．従って等圧面天気図で等高線の低い領域は低気圧，等高線の高いところは高気圧に対応し，地上天気図と同じ見方で利用できます．

(d) 高層天気図の見方（2）　等高線と等温線

　図 2.2（850hPa）では等高線と等温線が大きな角度で交わっています．一

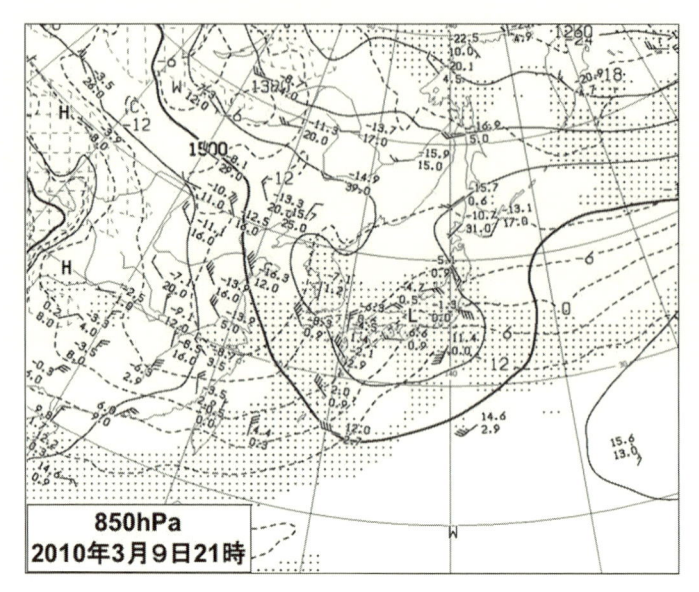

図2.2 850hPa図(2010年3月9日21時)(気象庁)
実線は等高線(60m毎),破線は等温線(6℃毎).点彩域は気温と露点温度の差が3℃未満の湿潤域です.

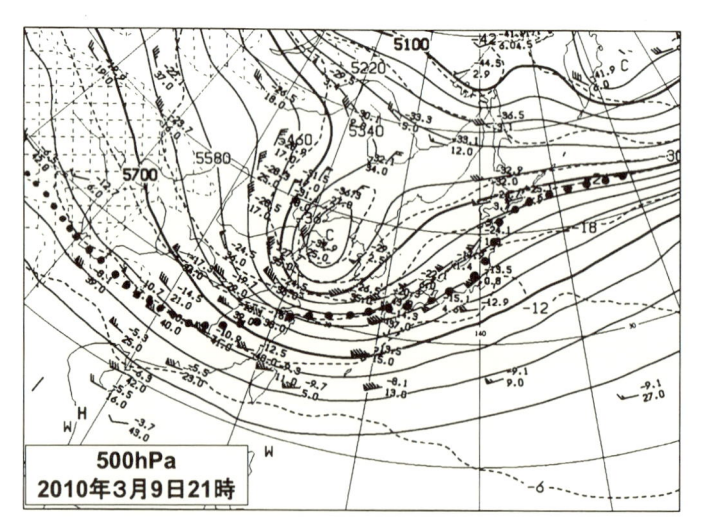

図2.3 500hPa図(2010年3月9日21時)(気象庁)
実線,点線の説明は図2.2に同じ.太点線は亜熱帯ジェット気流(第3節で説明)の強風軸の位置です.

方図2.3の500hPa図では等高線は等温線にほぼ平行になっています．地上付近で等圧線（等高線）が等温線と大きな角度で交差していても，対流圏中・上層では等高線は等温線にほぼ平行になります．気温が高い所では層厚が大きく，気温の低いところより相対的に等圧面高度が高くなるので，高度が高くなるにつれて，等圧面の高度分布は次第に気温分布の形態に類似してきます．

　気温は低緯度から高緯度に向かって次第に低くなり，東西方向には相対的に変動が小さい傾向があります．従って対流圏中・上層では等高線の走行は東西方向が顕著で，地上のような高気圧，低気圧の形態は少なくなります．

(e) 高層天気図の見方（3）　風の分布

　地上天気図では等圧線の間隔の狭い所で強い風が吹くことを述べました．同様に高層天気図では等高線の間隔の狭いところは気圧傾度が大きく，強い風が吹きます（コラム2）．

　図2.2と図2.3では風が等高線にほぼ平行に吹いています．高度1km〜1.5kmより上では地表面摩擦が無視できるからです．

　図1.1と図2.2，図2.3を比較すると，高度が高くなるにつれて風向が変わるとともに風速が強くなっています．地上天気図では低気圧周辺で強い風が吹いていましたが500hPaでは帯状強風域が長くのびる傾向があります．図2.3ではバイカル湖付近を通る強風帯が一つは樺太方面にのび，もうひとつは黄海方面に南下して東にカーブして日本付近を通っています．図2.3をみると華中から東シナ海，日本付近では等高線の間隔が狭く，強い風が吹いています．更に高度の高い所（250hpa付近）では華南から日本付近を通る狭い強風帯があります．この強風帯の最強風軸が図に太点線で示されています．

　対流圏中・上層でみられる強風帯はジェット気流と呼ばれます．ジェット気流についてはあと（2.3節）でも説明しますが，ここでは強風帯が北と南に二つあることに注目しておきます．

(f) 高層天気図と温帯低気圧の構造（1） 前線帯と前線

図 2.2 の 850hPa 図をみると 12℃と 0℃の等温線に挟まれて気温傾度が相対的に大きい帯状域が，低気圧 S の中心から東側と南西側に伸びています．気温の水平傾度が大きい帯状域を前線帯と呼び，前線帯の暖気側の縁を前線と呼びます．図 1.1 と対比すると地上の温暖前線と寒冷前線は共に図 2.2 の 12℃の等温線の少し暖気側で 850hPa の等温線に沿っています．前線の立体構造は後で（2.1.3 節）調べますが，ここでは図 2.2 で説明した前線帯が図 2.3 に太点線で示した強風軸のやや南側にあることを指摘しておきます．

(g) 高層天気図と温帯低気圧の構造（2） トラフとリッジ

図 2.2（850hPa）では図 1.1 の低気圧 S のやや北西に低気圧の中心（気号 L）があります（以後低気圧 S8 と呼びます）．図 2.3（500hPa）では高度の低い狭い領域が沿海州から黄海，東シナ海方面へ延びています．このような形態をトラフ（気圧の谷）と呼び，トラフの中で高度が最も低い点を結んだ線をトラフ軸（気圧の谷軸）と呼びます．このトラフを以後トラフ S5 と呼びます．低気圧 S に対応する 500hPa の擾乱[注]はトラフ S5 および黄海にある低気圧です．黄海にある低気圧のところは周囲より気温が低くなっています．これは 500hPa の低気圧の一般的な性質で，寒冷渦と呼ばれることもあります．図 2.3 で北緯 40 度，東経 105 度付近から北緯 46 度，東経 125 度付近にかけて高度の高い狭い領域が伸びています．こういう形態をリッジ（気圧の尾根）と呼びます．リッジの中で高度が最も高い点を結ぶ線がリッジ軸（気圧の尾根軸）です．

図 1.1 を見ると低気圧 S から延びる寒冷前線に沿って周辺より気圧が低く，寒冷前線は気圧の谷（トラフ）軸になっています．図 2.2 では地上の寒冷前線に沿って 850hPa の前線帯があります．前線帯はトラフになっていますが層厚の関係から 850hPa のトラフは地上のトラフより寒気側（西側，上流側）に位置しています．500hPa のトラフは 850hPa のトラフよりも更に上流側にあります（コラム 2 参照）．これは温帯低気圧の鉛直構造の重要な特徴です．一方図 2.2 をみると低気圧 S8 の中心付近はその東側，西側に比べて高温の傾向が見られます．一般に低気圧の前面では南よりの風により気温の高い空

2. 温帯低気圧

気が移動してきますので，層厚の関係から上層では次第にリッジの傾向となります（図2.3）．ここでは500hPaまで示しましたが，発達している低気圧の特徴的構造は通常地上から圏界面まで対流圏全層に存在します．

　（註）擾乱とは低気圧やトラフなどを一般的に表わす用語です．

2.1.2　温帯低気圧のライフサイクル

　温帯低気圧がどうして発生して発達するのかという理屈は後まわしにして，まず天気図で現象の時間変化を調べます．図2.4にトラフS5と低気圧Sの7日21時から11日21時までの24時間毎の位置をそれぞれ実線（5400mの等高線）と黒丸（●）で示します．図2.3をみると5400mの等高線は強風帯の北側の縁の位置にあります．

　地上低気圧と500hPaのトラフの相対位置は低気圧のライフサイクルで変わります．低気圧Sの中心は発生時（8日21時）にはトラフS5から1000km以上南東方向に離れていましたが，次第にトラフS5の東に位置するようになり，更に10日21時には5400mの等高線の北側に移っています．

　図2.5（a）～（d）に低気圧S付近を拡大して，8日21時から11日21

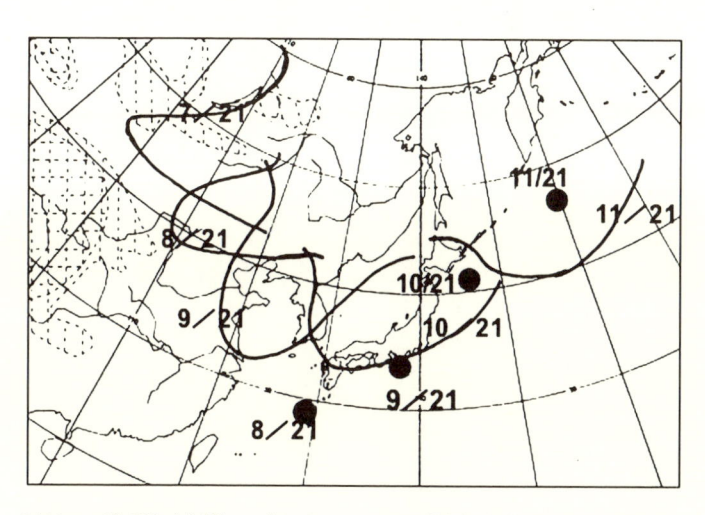

図2.4　5400mの等高線（実線）で表したトラフS5の位置と低気Sの中心位置（黒丸（●））の7日21時から11日21時までの24時間毎の変化

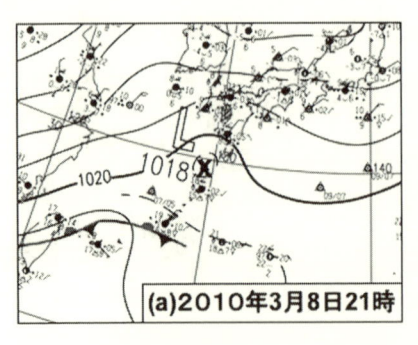

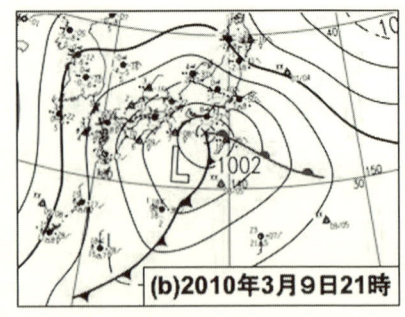

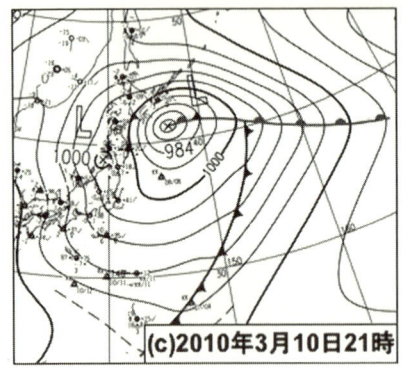

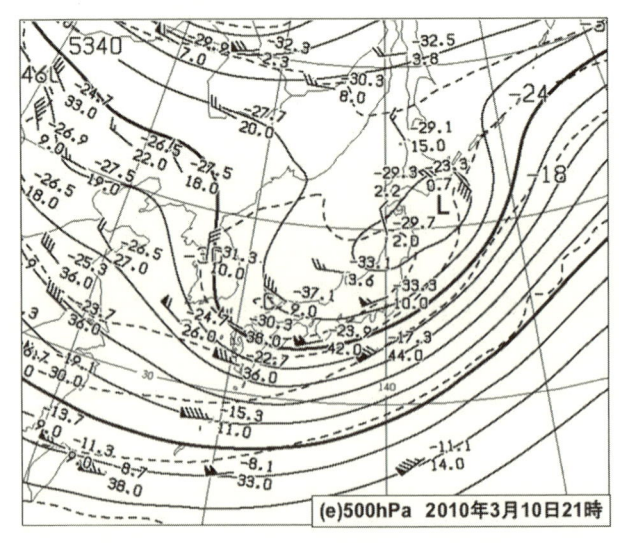

図2.5
発生から衰弱までの低気圧Sの時間変化（8日21時から11日21時まで）低気圧が発達すると（中心気圧が低くなると）低気圧の範囲と強風域が拡大します．発達につれて前線の形態がかわり，閉塞すると(c)，やがて低気圧中心付近では前線が消滅します(d)．500hPaでも閉じた等高線（低気圧）が形成され，地上と500hpaの低気圧の中心がほぼ同じ位置になります(e)．図(e)の表し方は図2.3と同じです．

2. 温帯低気圧

時まで24時間毎に示します．中心気圧は9日21時までの24時間で12hPa深まり，その後24時間で更に18hPa深まりました．発達に伴って低気圧Sの範囲が広がり，強風域が拡大しています．低気圧Sは発生時には前線がありませんでしたが，発達に伴って前線が形成されています．10日21時には寒冷前線が温暖前線に追いついた状態で暖域がせばまって閉塞前線が形成され，低気圧Sの中心は5400mの等高線の北側に移動しています．

　図2.5（e）に10日21時の500hPa図を示します．地上低気圧の中心が500hPaの強風軸の北側（寒気側）に移動して閉塞前線が形成されている時刻です．この頃には500hPaの寒冷な低気圧が地上低気圧の上に移動し，低気圧の中心を結ぶ軸が地上から上層までほぼ鉛直になっています（図（c）と（e）を対比してください）．これは温帯低気圧のライフサイクルの一般的

図2.6　気象衛星赤外画像（2010年3月10日21時）（APLA出力）
　　　　図2.5（c）と対比すると低気圧中心付近には雲が無くなっているのが分かります．

な構造変化です．

低気圧 S は閉塞前線ができる頃が最盛期です．11 日 21 時には低気圧 S の中心は前線から離れ，低気圧は次第に衰弱して前線も消滅します．これが形態的にみた温帯低気圧のライフサイクルです．

図 2.6 は 10 日 21 時の気象衛星赤外画像です．低気圧の閉塞に対応して雲分布も変わりました．北海道の南東にある低気圧の中心には雲はなく，寒冷前線に沿う帯状の雲が閉塞点から閉塞前線の寒気側にのび中心をかこむように分布しています．閉塞前線の北側は雲の表面が滑らかで層状の雲ですが，寒冷前線に沿う雲は塊状で積乱雲の集合です．日本海と日本の東及び南の海上は低気圧の後面の寒気の流入で背の低い筋状雲が見られます．

2.1.3 前線

(a) 前線の構造

図 2.7 に前線帯に直交する鉛直断面の模式図を示します．前線帯は通常地上から対流圏下層で明瞭で高度と共に寒気側に傾斜しています．前線帯は気温の水平傾度が大きいので，前線帯の内部は鉛直方向の気温減率が相対的に小さい層です．前線の傾斜は通常 1/50 〜 1/100 程度です．すなわち水平方

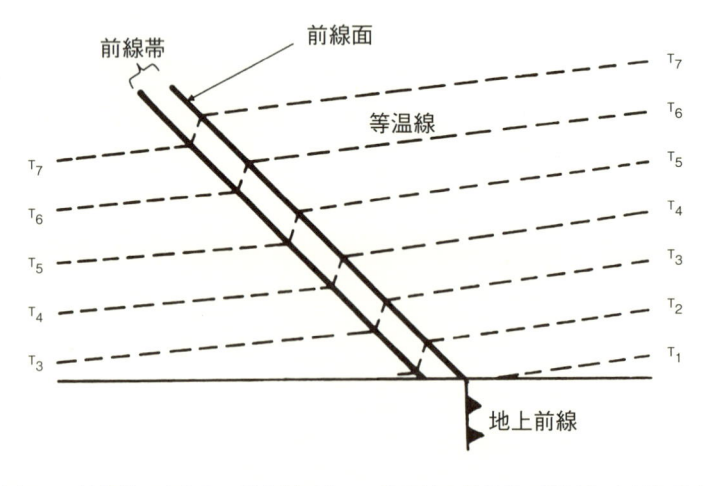

図2.7 前線帯に直交する鉛直断面内での等温線と前線帯の関係を示す模式図

向100kmで高さが1km程度かわる傾斜で殆ど水平といえます．

　前線帯の暖気側の縁を前線面と呼び，前線面と水平面（等圧面）が交わる線を前線と呼びます．面とか線といっても実際には「遷移帯」としてのある幅があります．図2.7では寒冷前線を想定しています．前線は気温の水平傾度が不連続的に変わる線です．気温の水平傾度が不連続的に変わると，前線のところで等圧線（等高線）が気圧の低い側を内側にして折れ曲がることが示されます（証明は略します）．図1.1で低気圧Sの温暖前線と寒冷前線のところで等圧線が折れ曲がっていることを確認してください．前線は等圧線の走行が急に変わるので，風向が急激に変わる線です．温暖前線でも寒冷前線でも，前線が通過すると，風向が時計周りに変化します．

(b) 前線通過と天気変化

　図2.2をみると温暖前線の所では気温の高い方から風が吹いていて（暖気移流），温暖前線は暖気側から寒気側へ移動します．一方寒冷前線の所では寒気側から風が吹いていて（寒気移流），寒冷前線は寒気側から暖気側へ進む前線です．従って温暖前線が近づくと気温が上昇し，寒冷前線が通過した後は気温が低下します．

　図2.2をみると前線帯では気温傾度が大きく，相対的に強い風が吹いています．図1.3で示しましたが，温帯低気圧の降水は前線に沿って帯状に分布するように生じています．前線は気温変化が大きく，風も強く降水も伴うなど激しい天気が起こる場所です．

　寒冷前線が通過した時の気温，風，気圧，降水量等の時間変化を実際の例で調べます．図2.8に2004年12月4日に寒冷前線が鹿児島県を通過した時のウインドプロファイラ観測（図(a)）と鹿児島地方気象台での気象観測記録（図(b)）を示します．ウインドプロファイラとはマイクロ波を上空に発射して，空気運動の乱れから散乱される電波を受信し，乱れの動きから風を測定する装置です．

　図2.8(a)は上空の風を高度300m毎に10分間隔で示しています．図をみると20時頃下層の風が南南西から北北東[註]に急変し，寒冷前線が通過したことが分かります．太い一点鎖線で示されている前線面は地上から

3.5km 付近まで明瞭に見られ，風向は前線面の通過前から通過後にかけて時計回りに急激に変化しています．高度 1km 以下で前線面の傾斜が大きいのは地表摩擦の影響です．

（註）鉛直断面で風向を表す時は下を南，上を北，左を西，右を東とします．たとえば図 2.8 で 18 時から 20 時までは地表付近では南風が持続しています．

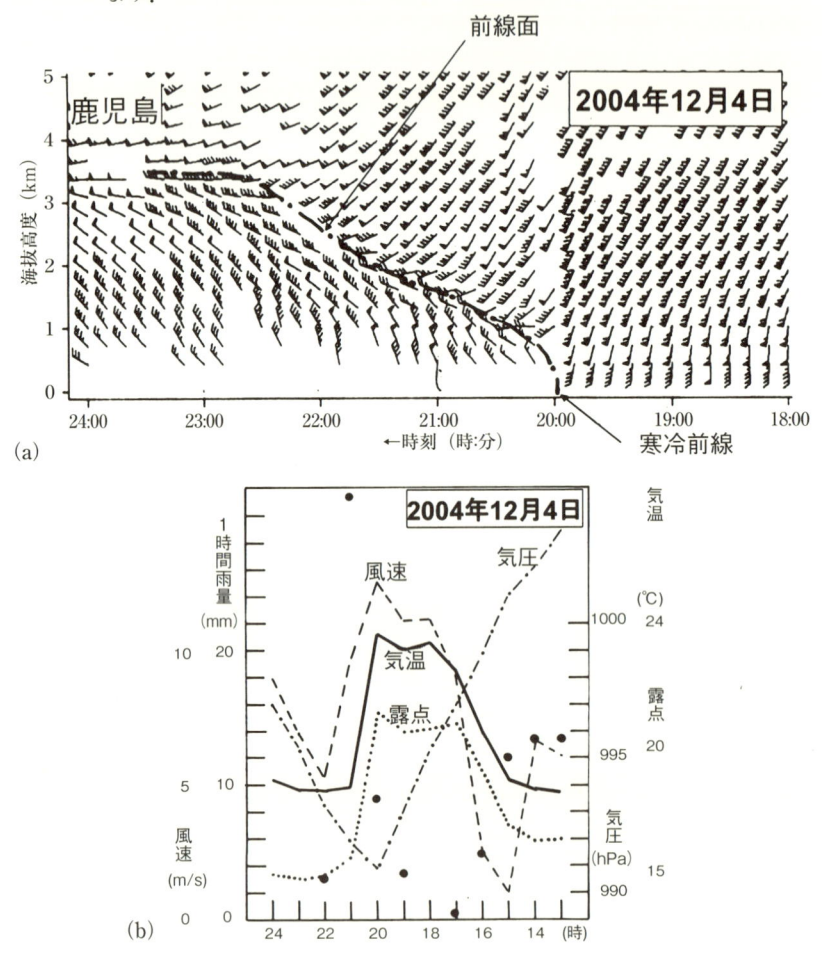

図2.8 2004年12月4日に寒冷前線が鹿児島県を通過した時のウインドプロファイラ観測による10分間ごとの風データ (a)（気象庁）と鹿児島地方気象台での気象観測記録 (b)

図 2.8 (b) は 1 時間毎の気温（実線），露点（点線），風速（破線），海面気圧（一点鎖線），降水量（黒丸）を示します．前線が通過した 20 時に気圧が極小値となり，気温と露点は 20 時から 21 時にかけて急激に下降しています．風速も前線通過直後減少し，降水量は前線通過直後の 1 時間に極大を示しています．これらの特徴は天気図でみる前線の様相と一致しています．図 2.8 (b) によれば寒冷前線通過の 3 時間ほど前から風速が強まり，気温と露点が急激に上昇しています．このときの前線の移動速度から 3 時間はおよそ 200km に相当します．寒冷前線の前方で湿潤な暖気が狭く帯状に流入するのは，寒冷前線に伴ってしばしば積乱雲等の対流雲が発生する大きな要因となります．

2.1.4 ビヤークネスの低気圧モデル

これまで説明してきた温帯低気圧と前線のライフサイクル，低気圧と前線に伴う雲や降水の分布を詳細な観測からまとめてモデル化して初めて提案したのはノルウェーの気象学者 J. ビヤークネス（J. Bjerknes）です（1919 年，1922 年）（以後 B モデルと略称します）．発達中の低気圧に伴う降水，雲の分布，低気圧周辺の空気の運動についての B モデルを図 2.9 に示します．

図の真ん中が平面図で前線（太点線），降水分布（斜線域），地表付近の空気の運動が示されています．太鎖線は低気圧が移動してゆく方向（東）を示しています．上側は低気圧中心の北側，下側は低気圧中心の南側の東西方向の鉛直水平断面（立体）図で，前線面の傾き，雲形と雲の分布，降水，空気の運動が示されています．

高層観測が無かった時代に，雲の動きや降水の性質，山岳の観測から上層の流れを推定するなどして作られたモデルです．温暖前線はおよそ 1/100 の傾斜で 9km の高さまで達していますが，これも観測データから解析したのではありません．前線面に沿う上昇流で雲が発生すると仮定して，雲の高さ等から推定されたものです．

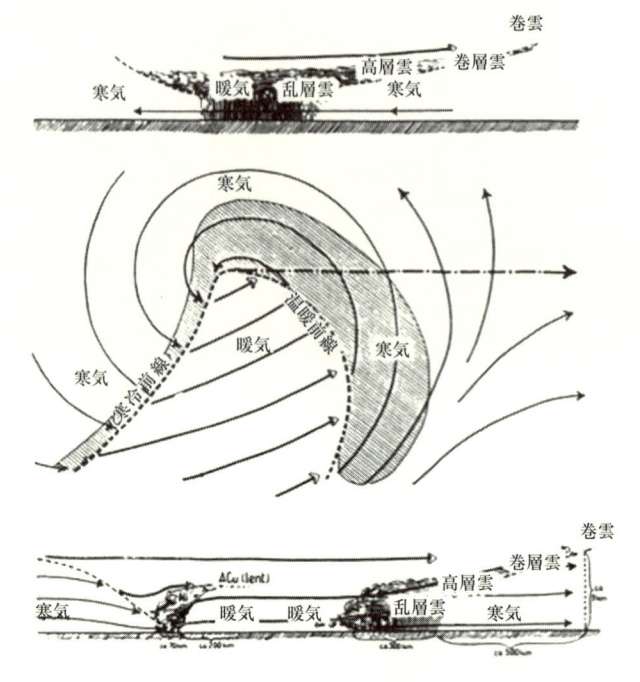

図2.9 ビヤークネスとソルベルグ（1922年）の低気圧モデル（松野，2000）（浅井冨雄・新田尚・松野太郎『基礎気象学』朝倉書店（2000）より転載）説明は本文を参照.

2.2 風はどのように吹くのだろうか

　大気中で諸々の現象が起こるのは大気が運動するからです．この節では物体の運動の原理と大気中の基本的な運動形態を説明し，これまで示した天気図の風や高層場と気温場の関係を理論的に解釈したり，低気圧の発生や発達の機構を説明する準備をします．

　本節と次節は理論的説明が主体です．わずらわしいと感じられる方は通読して結論だけを理解した上で天気図と対比して，風と等圧線（等高線）との関係等を実態的に把握して，先に進んでください．

2.2.1 運動と力

力と運動の関係を表わすのがニュートンの運動の法則です．ニュートンの運動の法則によれば，物体に力が働かないと静止している物体は静止を続け，動いている物体は等速直線運動を続けます．力が働くと静止していた物体が動き出したり，物体の速さが変わったり（遅くなったり静止したり），運動の方向が変わったりして，物体は加速度運動をします．加速度とは速度の時間変化の割合のことです．力，速度，加速度は大きさと方向（向き）の二つを指定しなければなりませんが，このような量をベクトルといいます．

ニュートンの運動の法則は力と加速度の関係として次のように表わされます

　　　質量×加速度＝力

式で書くと

$$m \times A = F \tag{2.1}$$

m は物体の質量，A は加速度，F は力です．式 (2.1) から分かるように加速度は力と同じ向きに生じます．以後では単位質量として力と加速度を同じように扱います．力がわかると式 (2.1) から加速度がわかり，加速度がわかると速度がわかり，速度から位置の変化をもとめることができます．

2.2.2 空気の運動と座標系

位置や速さを表すには基準が必要です．その基準を座標系と呼びます．運動を表わす基準として，一つの点（座標原点）とその点で直交する三つの方向の直線の座標軸（x, y, z）を用います．この座標の原点が地球と一緒に動きます．この座標系を仮に地球座標系と呼びます（コラム3参照）．物体と共に動く座標系からみれば，物体の速度はゼロです．このように運動の表し方は座標系により異なります．

2.2.3 空気を動かす力

風は空気の水平運動ですから，風を知るにはまず空気塊に働く力を調べる必要があります．空気の運動に関係する力は気圧傾度力，コリオリ力，浮力，摩擦力の四つです．

(a) 気圧傾度力

長さ ℓ（エル）の空気塊の両端で気圧の差があると，空気塊には気圧傾度による力すなわち気圧傾度力が働きます．単位質量あたりの気圧傾度力は，気圧傾度を密度 ρ で割って $-(\Delta p/\Delta \ell)/\rho$ で表わされます（コラム1参照）．気圧傾度力は気圧の高い方から気圧の低い方へ向かうので，Δp に負符号がつきます．気圧傾度力は等圧面（線）（等高線）に垂直です．

気圧傾度力により生じる運動を，空気の代わりに水を使って調べます（図2.10）．二つのタンクが管でつながっていてタンクAの水位がタンクBの水位より高いので，管の高さではタンクAの圧力（H）はタンクBの圧力（L）より高くなります．一つの点の圧力は垂直と水平どの方向にも等しいので，タンクAとタンクBの圧力の差によりタンクAからタンクBに水が移動します．

タンクAとタンクBの距離（$\Delta \ell$）が大きい（小さい）と気圧傾度力が小さい（大きい）ので，水が移動する速さが小さく（大きく）なることは容易に確かめられます．

図2.10の実験では式（2.1）で説明したように気圧傾度力の向きと，水が運動する向きは同じです．ところが図2.3の500hPa図では九州から関東地方にかけては，等高線はほぼ直線で南西から北東の走向ですから，気圧傾度力は等高線に垂直で南東から北西に向きます．しかしその付近では気圧傾度

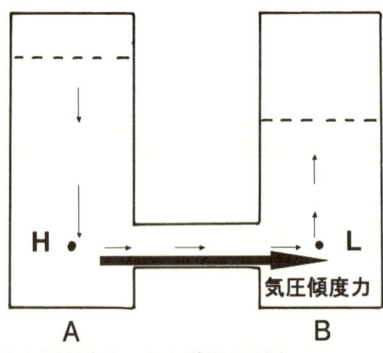

図2.10 気圧傾度力により風が吹くことを説明する図．
容器に入った水の高さ（水圧，大気では気圧）の差で水平の流れが生じます．

力とほぼ直交する方向の南西の風が吹いていて，図2.10で確認したことと矛盾します．これは地球自転の影響で，この後で説明するコリオリの力に関係しています．

(b) コリオリの力

実は地球上ではニュートンの運動の法則は成り立ちません．ニュートンの運動の法則が成り立つ座標系を慣性系と呼びます．太陽系の質量中心（ほぼ太陽の中心）に原点があってx, y, z軸が遠くの恒星の方向に固定された座標系は近似的に慣性系とみなすことができます．地球は慣性系に対して地球の自転により回転運動をしているので地球座標系は慣性系ではなく，ニュートンの運動の法則が成り立ちません[註1]．但しコリオリの力と呼ばれる見かけの力[註2]を導入するとニュートンの運動の法則を用いることができます．

コリオリの力は，地球上で運動している物体の運動方向の垂直右向きに働く力で，大きさは単位質量当たり$2\Omega V\sin\phi$です．ここでVは物体の速さ，Ωは地球自転の角速度，ϕは緯度です．$f \equiv 2\Omega\sin\phi$をコリオリパラメターと呼びます．$\Omega\sin\phi$は緯度ϕの地点の鉛直軸の周りの自転角速度です．コリオリの力についてはコラム3も参照してください．

(註1) 日常の生活で経験する運動ではニュートンの運動の法則からのずれは小さいので無視できます．天気図でみる空気の運動は長距離にわたるので，ニュートンの運動の法則からの偏倚が大きくなります．

(註2) コリオリの力は地球座標系で運動を表わすか慣性系で運動を表わすかの違いだけであらわれる力で，気圧傾度力のような実体的な力ではないので見かけの力と呼ばれます．

(c) 浮力

活発な積乱雲の中では水平規模1km～数kmの領域で数m/sから数10m/sの激しい上昇流（アップドラフト）が存在しています．この上昇流を引き起こすのが浮力です．局所的に周囲より暖かい（冷たい）空気塊があると，相対的に暖かい（冷たい）空気塊は相対的に冷たい（暖かい）空気塊

より密度が小さい（大きい）ので，周囲より暖かい（冷たい）空気塊はアルキメデスの原理により鉛直上（下）向きの力を受けます．これが浮力で，大きさは周囲の空気の温度と空気塊の温度の差に比例します．水蒸気の凝結により放出される潜熱が大きな上向きの浮力を作る要因です．潜熱と浮力についてはコラム5を参照してください．

温帯低気圧等の水平規模の大きい現象では常に静力学近似（コラム1）が成り立っているとみなすことができるので，浮力は無視できます．

（d）摩擦力

摩擦力は空気塊の運動の向きと反対向きに働く力で運動を止めるように作用します．地表面から高さ1km程度までの大気境界層で働く力で，地表面の凹凸や日射による加熱で引き起こされる小さな乱流（図1.10）の働きで生じます．

2.2.4　空気塊に働く力と風の吹き方

空気の運動は直線的な流れの部分と，トラフ軸，リッジ軸付近のように大きくカーブしている部分があります．カーブしているところを円運動の一部とみなすと，流れの基本的特性は直線の流れと円運動の流れで考察できます．

（a）地衡風

コリオリの力を導入すると図2.3で九州から関東地方にかけて風が等高線にほぼ平行に直線的に吹く理由を説明できます．図2.11は図2.3の一部を拡大した模式図です．等高線が直線的で風が等高線に平行に吹くとすると，風向に垂直右向きに働くコリオリ力は気圧傾度力の反対を向きます．大きさが等しい二つの力が反対向きに働くと，両者が打ち消し合って力が働かないのと同じですから，空気塊は加速度がゼロになり等速直線運動を続けます．式 (2.1) で加速度をゼロとすると

$$力 = 0$$

です．力としては気圧傾度力とコリオリ力の二つがあるので

$$気圧傾度力 = コリオリの力 \tag{2.2}$$

2. 温帯低気圧

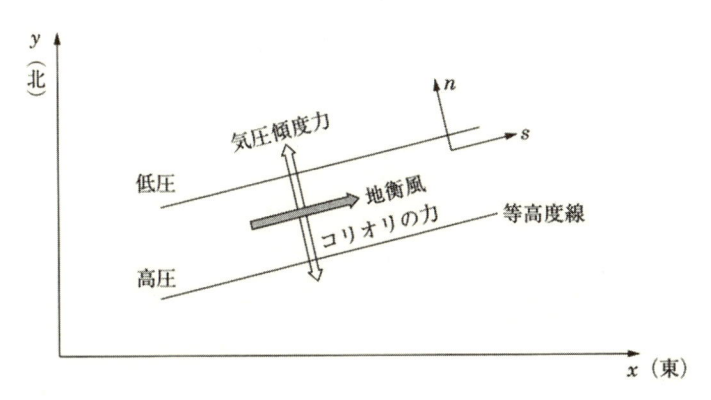

図2.11 地衡風の説明図
直線的な等高線で気圧傾度力とコリオリ力が釣り合うと地衡風が吹きます．この図と次の2.12図で矢印付きの直線sとnはそれぞれ風が吹いてゆく向きとsに垂直左側を向いています．nは気圧傾度力と同じ向きになります（コラム4も参照）．

となります．これを数式で表してみましょう．風速Vの垂直右側を距離ℓ（エル）の正の向きとし，この時の風をV_gと記すと，

$$(\Delta p / \Delta \ell) / \rho = 2\Omega V \sin\phi$$
$$(\Delta p / \Delta \ell) / \rho = fV_g \quad (等高度面天気図)$$
$$g \Delta z / \Delta \ell = fV_g \quad (等圧面天気図) \qquad (2.3)$$

となります．V_gは等高線が直線的なときに吹く風で地衡風と呼ばれます．

地衡風速は気圧傾度に比例し，コリオリパラメターに反比例します．赤道付近ではコリオリパラメターがゼロに近いので地衡風的な風は吹きません．

（b）傾度風

図2.3のトラフS5とその北側（上流側）のリッジ付近では，風は曲線の等高線に沿うように吹いています．トラフ軸やリッジ軸付近では空気塊は曲線運動をしていますから，大きな加速度のある運動です．トラフ軸やリッジ軸付近で空気塊の運動に沿う円を描き，円運動を仮定して運動の性質をしらべます．

半径rで速さVの等速円運動をしている物体には，中心に向く向心加速度があります．例えば紐の先端に錘をつけて円運動をさせるときは，紐が錘

を中心方向に引っ張る力で向心加速度が生じています．きちんと調べると向心加速度の大きさは V^2/r であることが示されます．

これから等高線（等圧線）が円形で，空気塊が半径一定の等高線に沿って等速円運動をしているときの風を調べます．

・低気圧

風は反時計回りに吹きます．等速円運動ですから向心加速度があります．低気圧の場合は気圧傾度力が中心を向き，コリオリ力が外側を向きます．従って低気圧の場合は気圧傾度力がコリオリ力より大きいことが分かります（図2.12 (a)）．気圧傾度力とコリオリ力，向心加速度の大きさの関係は，式 (2.1) から次のようになります．

$$\text{加速度} = \text{気圧傾度力} - \text{コリオリ力} \qquad (2.4)$$

気圧傾度力とコリオリ力が働いて等速円運動しているときの風を傾度風 (V_G) と呼びます．コリオリ力が気圧傾度力より小さいので，低気圧の傾度風速は同じ気圧傾度の地溝風速より弱い風です．

但し気象学では傾度風を図2.12 (b) のように表すのが普通です．この図では加速度が無く，遠心力が中心から外側に向いています．この図の遠心力は図2.12 (a) の向心加速度と同じ大きさで向きが反対の力です．式 (2.4) で加速度を右辺に移項して遠心力と記すと力の釣り合いの式

$$\text{気圧傾度力} - (\text{コリオリ力} + \text{遠心力}) = 0 \qquad (2.4)'$$

となります．コリオリ力が気圧傾度力より小さいことがすぐわかります．

低気圧の場合の傾度風を説明するのに同等な二つの図を示しました．地球座標系では，傾度風は曲線運動ですから加速度があります．しかし図2.12(b) では加速度が無くて遠心力があります．遠心力という仮想的な力（見掛けの力と呼ばれます）があらわれるのは地球座標系とは別の座標系を用いているからです．詳しいことはコラム4で説明します．以後は力のつり合いの形式（式 (2.4)' 及び図2.12 (b)）を用いて説明します．

・高気圧

風は時計回りに吹くので，コリオリ力は中心を向きます．気圧傾度力と遠心力は外側を向きます（図2.12 (c)）．この関係は

$$\text{コリオリ力} = \text{気圧傾度力} + \text{遠心力} \qquad (2.5)$$

2. 温帯低気圧

と表されます．コリオリ力が気圧傾度力より大きいので，高気圧の傾度風速は同じ気圧傾度の地衡風速より強い風です．

・高・低気圧の中心付近の風

気圧傾度力が大きくなると風速も強くなりますが，中心に近い所ではrが小さいので遠心力 (V^2/r) がコリオリ力 (fV) よりはるかに大きくなります．従って高気圧の場合は式 (2.5) の関係が満たされなくなります．このため高気圧の中心付近では等圧線の間隔が広く弱い風しか吹きません．図1.1で中国大陸の高気圧の中心近傍では等圧線の間隔が広くて弱い風になっています．高気圧に覆われてよく晴れるときには，風が弱いのはこの理由です．これに対し低気圧の場合（式2.4'）は気圧傾度力が大きくなると遠心力もコリオリ力も大きくなるので，気圧傾度力の大きさには制限がなく強い低気圧が存在できます．

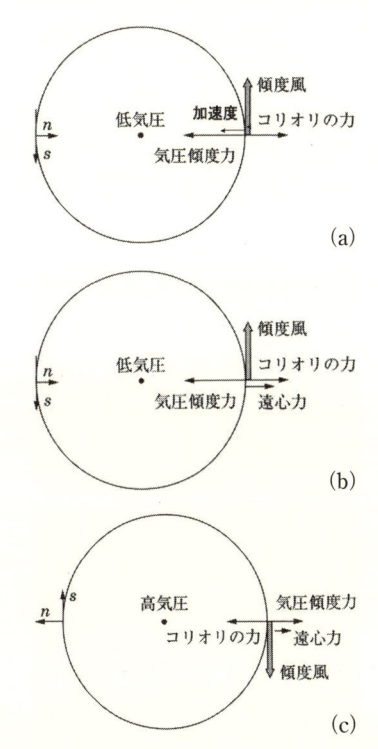

図2.12 傾度風の説明図
図 (a)（低気圧）では気圧傾度力，コリオリ力，加速度の関係で示し，図 (b)（低気圧）と図 (c)（高気圧）では気圧傾度力，コリオリ力，遠心力のつり合いで表しています（向心加速度と遠心力の関係についてはコラム4の説明も参照）．

上の説明では分かりやすいように円形の等高線として説明しましたが，リッジ軸付近やトラフ軸付近でも近似的に適用できます．等圧線が円形に近い台風の場合は気圧と風の関係は近似的に傾度風で説明されます．

（c）旋衡風
円の半径が小さくて風速が強い場合にはコリオリ力（fV）は遠心力項（V^2/r）に比べて相対的に小さくなり無視できます．すなわち

$$\text{気圧傾度力} = \text{遠心力} \tag{2.6}$$

この場合の風を旋衡風と呼びます．遠心力は常に中心から外側を向きますから，気圧傾度力が外側を向く高気圧では力のつり合いは成り立たず，高気圧は存在できません．低気圧では気圧傾度力は常に中心方向を向きますから，風は反時計回り，時計回りどちらの場合も存在できます（図2.13）．旋衡風は竜巻などの小さくて強い回転風のときの関係です．

コリオリ力を無視することは地球が自転していないと仮定することです．地球が自転していないと温帯低気圧や台風のような空間規模の大きい低気圧は存在できないことが分かります．

ここでは風の吹き方として地衡風，傾度風，旋衡風を説明しました．当然ですがこれらは理想化した理論的な風で，地衡風，傾度風の関係は規模の大きい現象，旋衡風の関係は竜巻などの規模の小さい現象に近似的に適用できます．

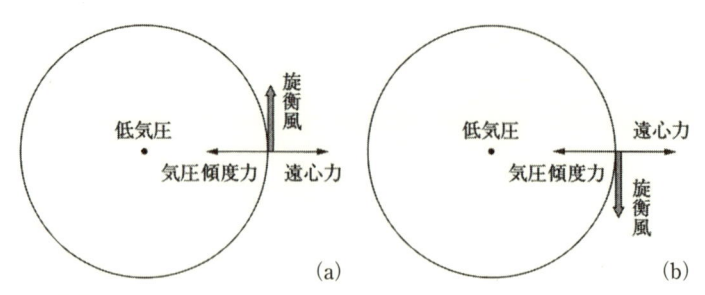

図2.13 旋衡風の説明図
　　　　気圧傾度力と遠心力のつり合うときに吹く風です．低気圧の場合だけ存在し，風向きは反時計回り（図 (a)），時計回り（図 (b)），どちらの場合も存在します．

2. 温帯低気圧

（d）地表摩擦と空気の運動

図1.1の地上天気図で風が等圧線を横切って吹くのは地表摩擦の影響であると説明しました．等圧線が直線で地衡風がV_gのときの摩擦力と風の関係を調べます．摩擦は風を弱めるのでコリオリ力が小さくなり，空気塊は低圧側に引かれてコリオリ力（C）と摩擦力（F）の合力が気圧傾度力と釣り合うように風（風速V）が吹きます．等圧線と風の間の角度がαのときの関係が図2.14[註]に示されています．PはFとCの合力に等しく，FとCで作られる平行四辺形の対角線の大きさです．図から$P\sin\alpha = F$の関係があるので，Pが一定なら摩擦Fが大きいと角度αが大きくなることが分かります．

地表摩擦にはもう一つ大きな働きがあります．風が低圧側に吹くので低気圧では空気が集まり，集まった空気は上昇します．逆に高気圧では風が外側に吹き出すので下降流が生じます．摩擦で生じる上昇流は台風の発達や地上付近の前線形成に大きな働きをします．

コラム8で流れの回転の度合いを表す量として渦度を説明します．渦度は一般にギリシャ文字ζで表されます．反時計回りの回転（低気圧）は正の渦度（$\zeta > 0$），時計周りの回転（高気圧）は負の渦度（$\zeta < 0$）と定義されています．摩擦で生ずる上昇流や下降流（w）は符号も含めて渦度に比例する（$w \propto \zeta$）ことが示されます．

> （註）等圧線と風向の間の角度は地表面の粗度により異なります．粗度の大きい陸上では30度から40度にもなりますが穏やかな海面では10度〜15度です．

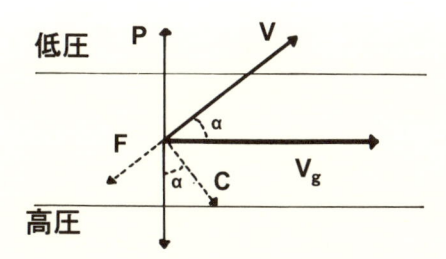

図2.14 地上摩擦があるときの地衡風（V_g）と実際の風（V）の関係
地上摩擦力が大きくなるとVとV_gの間の角度αが大きくなります．Pは気圧傾度力，Cはコリオリ力，Fは地上摩擦力です．下向きの実線は気圧傾度力Pと同じ大きさです．

2.3 温帯低気圧とジェット気流

2.3.1 ジェット気流

(a) 温度風

　図 2.3 と図 2.5 (e) のトラフ S5 を囲むように風速 50 ノットから 90 ノットの帯状の強風域がみられます．上層の幅の狭い帯状強風域をジェット気流と呼びます．上層で強い風が吹く理由を調べます（図 2.15）．図で地上の気圧は一様で，気温は地上から上層まで y 軸方向には一定で x の正方向へ増加しているとします．層厚は高温の側ほど大きいので，上層の等圧面は x の大きい方で高くなり，上層ほど傾斜が大きくなります．摩擦を無視すると地上から上層まで y の正方向を向く地衡風が吹き，上層ほど風速が大きくなります．

　上層の地衡風と下層の地衡風の差を温度風と呼びます．図 2.15 の場合では，

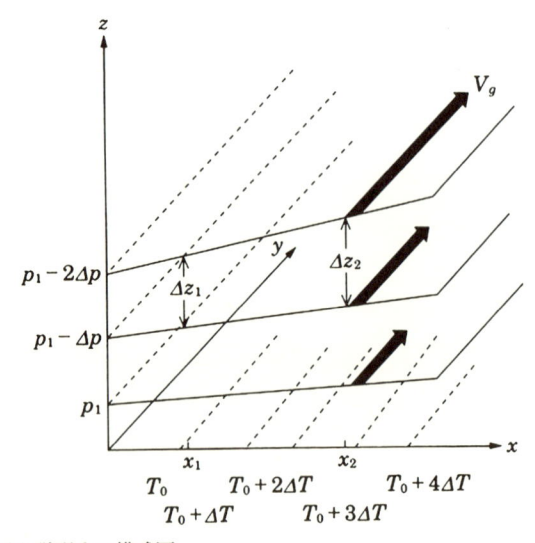

図 2.15　温度風を説明する模式図
　　　　　x の正方向に気温が増加していると，等圧面高度の傾きは，高さ（z）とともに大きくなり，y の正方向を向く地衡風が高さと共に増大します．

2. 温帯低気圧

温度風を背にして立つと温度の低い方が左になります．温度風の左側が右側より低温となる関係は地衡風の方向によらず一般的に成り立ちます．

(b) ジェット気流と前線帯

気温の水平傾度が大きい前線帯は周辺より相対的に温度風が大きく，その上層にはジェット気流が存在しています．図2.3と図2.5 (e) では風速の強いところで等温線が混んでいることが確認できます．図2.4はトラフS5の時間経過を示していますが，トラフの南下，強風帯の南下は寒気の南下を意味します．

(c) ジェット気流の種類と成因

図2.3を詳しく見るとバイカル湖方面から南下してトラフS5の周りを回るように吹く強風帯と北緯30度の南をほぼ東西に吹く強風帯の二つのジェット気流が存在していることがわかります．図2.16は1月の500hPa高度の平均図（図 (a)）と冬期のジェット気流の平面分布の模式図（図 (b)）です．500hPaではほぼ地衡風が吹きますから，平均の等高線は平均的な流れを示しています．

図2.16 (a) をみると日本付近，北アメリカ大陸東岸，中央アジア付近の三か所に大きな気圧の谷があり，図2.16(a)の平均的流れに沿うように図2.16 (b) の二つのジェット気流が地球を取り巻くように分布しています．北側のジェット気流は寒帯前線ジェット気流（以後Pジェットと略称）と呼ばれ，風速の極大高度は300hPa付近にあります．南側の強風帯は亜熱帯ジェット気流（以後Sジェットと略称）と呼ばれ，風速極大高度は200hPa付近です．図2.16は第8節で低気圧の発生の地域分布に関連してもう一度説明します．

Pジェットの位置は，低気圧Sの事例で示したように，日々大きく変動するので図2.16 (b) では存在域が斜線で示されています．Sジェットの位置は季節に応じて変わりますが，日々の変動が小さいので線で示されています．図2.3にはSジェットの位置が太点線で示されています．

Pジェットの存在は大気の熱収支に関連しています．地球と大気が吸収する日射と射出する地球放射の大きさを比較すると，平均的には北緯40度付

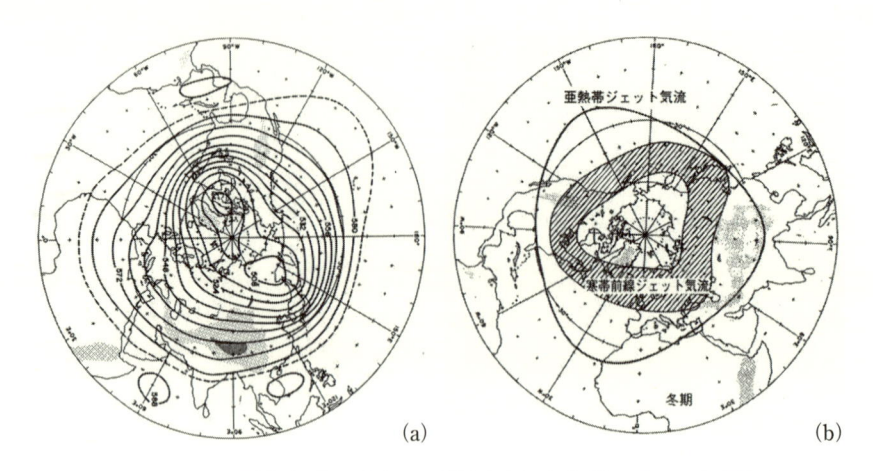

図2.16 1月の500hPa面高度（80m毎）の平均図（a）と冬期のジェット気流を一つの面に投影した地域分布の模式図（b）（パルメンとニュートン（Palmen and Newton, 1969），図（b）は山岸（2011）より転載）
寒帯前線ジェット気流は日々の空間変動が大きいので帯で示し，亜熱帯ジェット気流は日々の空間変動が小さいので線で示されています．

近より低緯度では日射の吸収が多くて加熱され，それより高緯度では地球放射の射出が多くて冷却されます．この結果北緯40度付近で気温傾度が大きくなってＰジェットが形成される傾向となります．なおＰジェットの強さは温帯低気圧が発達する過程での力学的効果により，大きく変動します．

Ｓジェットの形成はハドレー循環に関連しています．熱帯収束帯(註)で上昇して高緯度に移動する空気塊はコリオリの力を受けて東に曲がり，亜熱帯域北縁で強い西風となります．これがＳジェットの強風です．空気塊は西風として循環しつつ放射冷却で冷やされて下降し，貿易風として低緯度に向かいます．この循環をハドレー循環と呼びます．

　　（註）熱帯収束帯は積乱雲活動による多量の降水がある帯状域で，中部太平洋から東太平洋の北緯5度〜10度にかけて存在します．

2.3.2　ジェット気流と大気の立体構造

図2.17は太平洋中部を想定した冬季の平均的な南北鉛直断面です．大きく見るとＳジェットにつながる亜熱帯前線帯とＰジェットにつながる寒帯

2. 温帯低気圧

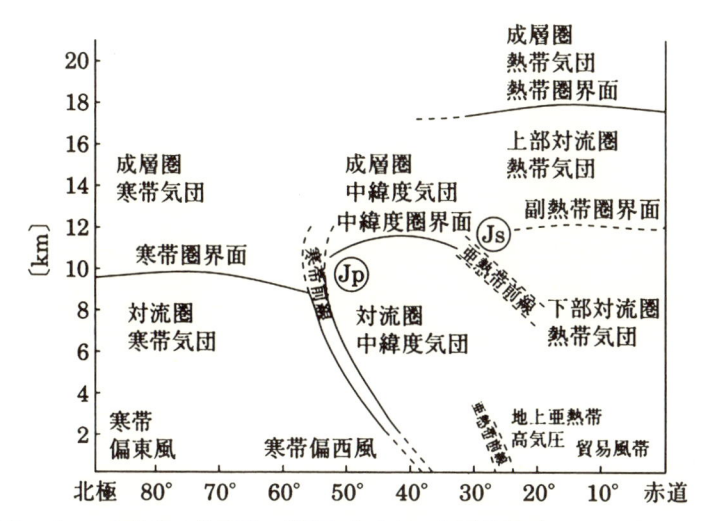

図2.17 ジェット気流と前線帯に着目した大気の気団分類（パルメンとニュートン (Palmen and Newton), 1969に下層の亜熱帯前線を加筆）（山岸 (2011) より転載）図は冬季の平均状態の南北断面ですが，北緯25度付近に示されている下層のみの亜熱帯前線は日本付近に表われる地域的前線です．

前線帯によって，大気は性質の異なる三つの領域に分かれています．三つの領域の大気を南から熱帯気団，中緯度気団，寒帯気団と呼んでいます．各気団には高さの異なる三つの対流圏界面があります．圏界面より上では気温の南北傾度が対流圏と反対で，高緯度が低緯度より高温なので温度風が西向きとなり，ジェット気流の風速極大は圏界面付近に出現します．

Ｐジェットと寒帯前線帯は，図2.17では北緯40度〜50度にありますが，低気圧の発生，発達にともなって位置が大きく変動することは既に説明しました（図2.4, 図2.5, 図2.16 (b)）．亜熱帯前線帯は対流圏中層よりも上にだけ存在し，温帯低気圧の発生，発達には直接関係しません．

2.3.3 気団と前線帯

（a）気団

図2.17ではジェット気流と前線帯に着目して大気を特性のことなる，三つの気団に分けました．下層の気温や水蒸気量は地表面の影響を強く受けるので気団の特徴は高気圧が停滞しやすい地域で顕著に現われます．気団は一

般的には「気温，湿度等の特性が，かなり一様な空気のかたまり」として定義され，形成される地域により，寒帯気団と熱帯気団の二つに大別され，さらにそれぞれが大陸性および海洋性に分けられます．但し上層と下層の流れは異なりますし，空気は絶えず移動しますから，気団は動的に理解する必要があります．地上では地形や海陸分布の影響をうけるので地域により特徴的な気団分布があらわれます．気団と気団の境界で大気の特性が急激にかわる地域には気候的な前線帯が形成されます．

日本付近ではシベリア気団（シベリア高気圧）（大陸性寒帯気団，低温，乾燥），小笠原気団（小笠原高気圧）（海洋性熱帯気団，高温，多湿），オホーツク海気団（オホーツク海高気圧）（海洋性寒帯気団，冷涼，多湿）等があります．それぞれの気団が日本の天気に及ぼす影響の議論は省略します．

図2.17の中緯度気団は，温帯低気圧の発生・発達に伴って，熱帯気団と寒帯気団が低緯度と高緯度から移動してきて変質する空気で構成される気団です．

(b) 前線帯

ジェット気流に伴う寒帯前線帯と亜熱帯前線帯は全球的に存在する前線帯ですが，地域特有の前線帯も現われます．北米大陸（カナダ，米国北部）では寒帯気団内に現われる北極前線がよく知られています．地表面付近の空気が放射で強く冷却されて形成される下層だけの前線です．

日本付近では中国大陸南部から日本の南岸にかけて北緯30度付近にしばしば下層のみの前線帯が形成されます．この前線は亜熱帯高気圧から吹く南よりの風と中緯度気団との間に形成されます．図2.17には日本の南岸に形成される前線を仮に亜熱帯前線として示してあります．この前線は通常Sジェットの位置よりやや南に形成されます．日本の南の前線は図1.1で示した南岸低気圧の発生に関連しています．

図2.3ではSジェットの強風軸を太点線で示してあります．図1.1, 2.2, 2.3で前線とSジェットの位置の相互関係を図2.17と対比してください．日本付近では低気圧Sに伴う前線はSジェットのやや南にあります．図2.3のSジェットはヒマラヤ山塊の南を通って華南から日本付近に達しています．P

ジェットが大きく南下した東シナ海では図 2.17 の模式図に示されているようにSジェットとPジェットが接近しています．

2.4 温帯低気圧の発生と発達の機構

温帯低気圧の発生と発達の機構を以下の四つに分けて説明します．
（ⅰ） 発生要因．
（ⅱ） ライフサイクル．
（ⅲ） 中心気圧の低下と上昇流．
（ⅳ） 風速の増加．

2.4.1 温帯低気圧の発生

温帯低気圧のライフサイクル（図 2.4, 2.5）では，500hPa のトラフが南下したとき，地上の前線帯付近に低気圧が発生しました．低気圧の発生には上層のトラフの発生と下層の状態の二つが重要です．

(a) 傾圧不安定

上層のトラフを発生させる機構が傾圧不安定の理論です．Pジェットの風速が強くなり，鉛直の風速差がある臨界値を越える状態は力学的に不安定で，直線的な流れからトラフが発生します．これを傾圧不安定と呼びます．

(b) 下層の前線帯

図 2.18 は東西に伸びる停滞前線の模式図です．前線の北側も南側も高気圧で前線に沿って低圧部になっていますから，摩擦収束で上昇流があります．上層にトラフが近づくと低気圧が発生しやすい場所です．地上の高気圧のところは地表摩擦では下降流になっていますから，トラフが近づいても低気圧が発生しにくい場所です．下層の前線帯は地上天気図と 850hPa 図でよく認識できます．

2.4.2 温帯低気圧の発達

（a）自励的発達とライフサイクル

図 2.19 は温帯低気圧のライフサイクルの模式図です．太実線は 500hPa の等高線，細実線は 1000hPa の等高線，破線は 500hPa と 1000hPa の間の等層厚線です．1000hPa の高度と等層厚線の高度を合わせると 500hPa の等高線が得られます．層厚は平均気温に比例するので，等層厚線は 750hPa 付近の等温線と見なすことができます．1000hPa の等高線分布は地上天気図の海面気圧の分布によく似ています．

図 2.19（a）は 500hPa のトラフが下層の前線帯に近づき，前線帯に低気圧が発生した初期の段階です．地上低気圧中心は 500hPa の強風帯の暖気側にあります．低気圧前方では下層の風による暖気移流で気温が上昇して層厚が大きくなり，500hPa 高度が高くなってリッジが強まります．低気圧後面では寒気移流により下層の気温が低下して 500hPa 高度が低くなりトラフが強まります（図 2.19 (b)）．暖かい空気は冷たい空気より密度が小さいので，低気圧の中心は下層で暖気が移流する方向に移動する傾向になります．下層風による温度移流が続いて気温場の変形が大きくなり，500hPa のリッジとトラフが更に発達して変形し，500hPa でも低気圧が形成されます．地上低気圧中心は下層暖気の移流により 500hpa の低気圧中心の方向に移動し，強風帯の寒気側に移動しています．地上の前線は低気圧に伴う流れによって気温傾度が強められつつ形も変わり閉塞前線となります．上層と下層の低気圧中心の位置が近づくと温度移流が小さくなり発達が終わります(図2.19(c))．

図 2.19 で示した温帯低気圧のライフサイクルは，地上低気圧が上層のト

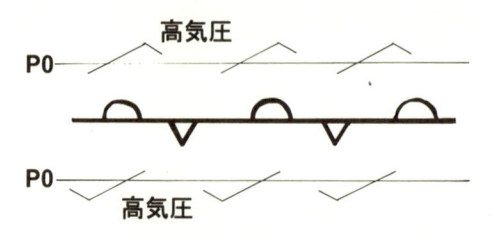

図2.18　二つの等圧線（気圧p0）に挟まれた停滞前線の模式図．

2. 温帯低気圧

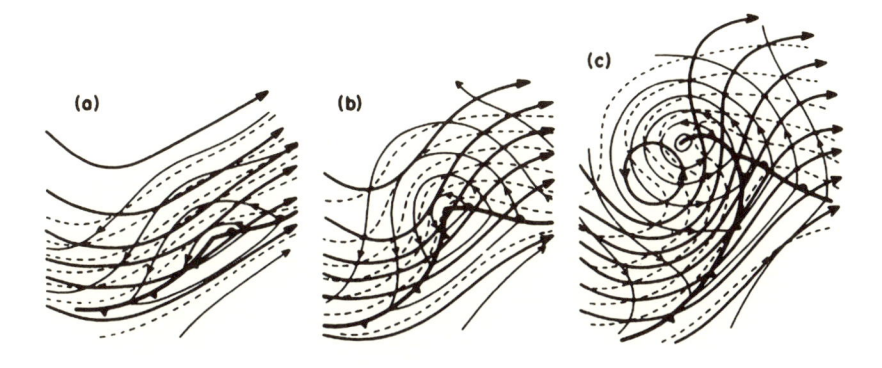

図2.19 温帯低気圧が発生して閉塞する過程の模式図（パルメンとニュートン（Palmen and Newton），1969）（山岸（2011）より転載）
太実線は500hPa等高線，細実線は1000hPa等高線，破線は1000hpaと500hpaの間の等層厚線（500hPaと1000hPaの間の平均気温の等温線に対応）．実線の矢印は地衡風の流れを示しています．

ラフの前面に発生すると，下層と上層の流れが相互に強めあって発達し，地上低気圧中心が強風帯の暖気側から寒気側に移動して，上層と下層の低気圧中心がほぼ鉛直になって発達が終わる自励的過程を示しています．

図2.4，2.5に示した低気圧Sの時間変化過程の事例は図2.19の模式図とよく似ています．低気圧Sの場合はPジェットで発生した上層のトラフが南側の地上前線帯まで南下して低気圧を発達させていて，下層と上層の相互作用の重要性を示しています．

コラム8では渦度の概念を用いて低気圧の発達を説明していますので，そこも参考にして下さい．

(b) 中心気圧の低下と上昇流

気圧の低下は，地上から大気上端までの鉛直気柱の空気量が減少することです．大気では一般に上昇流があると地上気圧がさがり，下降流があると気圧が上昇します．すなわち上昇流のあるところでは下層の収束よりも上層の発散が大きく，下降流のあるところでは上層の収束が下層の発散よりも大きいことを意味します．低気圧では広い範囲で上昇流が存在し雲と降水を生成します．

寒冷前線に沿ってしばしば狭い帯状域で積乱雲が発生しますが，低気圧を発達させる上昇流はもっと広い範囲の上昇流です．上昇流の生成機構は大変込み入っていますが，ここでは次のように単純に考えます．

　低気圧が発達するときは上層に気温の水平傾度が大きいPジェットが近づきます．下層では低気圧の流れにより，寒気と暖気が合流して前線の気温傾度が強められます．気温傾度が強められて温度風が大きくなるときは，相対的に暖かい空気が上昇し，相対的に冷たい空気が下降する鉛直循環がおこることが示されます．地衡風的に平衡する水平の流れによって強制されて生じる上昇流といえます．前線やトラフ付近は上昇，下降の運動が起こり易い場所です．この上昇，下降の運動により低気圧の中心付近で気圧が低下し，寒冷前線の後面では高気圧が強められます．このときの上昇流の大きさは毎秒数cm〜数十cmという小さなものです．毎秒10m/s〜数10m/sの水平風速と合わせると傾斜1/100程度のほぼ準水平な運動になります．これが前線面に沿うように見える運動です．

　Bモデルの時代は上昇，下降運動の生成機構の理論が無く，前線面に沿って暖気が寒気の上にはいあがると説明しました．今ではBモデルの時代と見方が反対になり，低気圧が発達するときの運動で前線が形成・強化されると考えられています．しかし前線面に沿うような傾斜した運動があることは変わりません．

　上で説明した上昇流，下降流とトラフ，リッジおよび地上の低気圧，高気圧の相互の位置関係を図2.20に模式的に示します．実線は500hPaの等高線，破線は地上の等圧線です．低気圧の後面にある高気圧[註]は，低気圧に伴って一体的に存在しています．この意味でしばしば移動性の高・低気圧と呼ばれることがあります．はじめに示した図1.1でも，関東の南に低気圧Sがあり，中国大陸の華北には1040hPの高気圧があります．図2.1の500hPaではすでに指摘したように，低気圧はトラフS5の下流にあり，華北の地上高気圧の中心はヒマラヤ山塊の東端からモンゴル方面に北東に延びるリッジの下流にあります．実際の事例が図2.20の模式図によく対応していることが確認できます．

　（註）高気圧という呼び名は同じですが，移動性の高気圧は停滞性の太平洋高

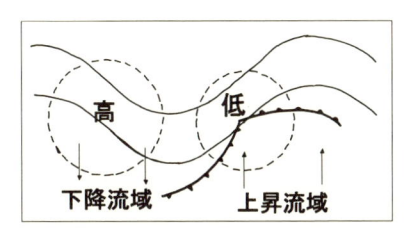

図2.20 温帯低気圧及び移動性高気圧とトラフ・リッジに伴う広い範囲の鉛直流の分布を示す模式図
実線は500hPa等高線，破線は地上等圧線です．

気圧（亜熱帯高気圧）や梅雨期に現れるオホーツク海高気圧とは成因が異なります．

(c) 風速の増加

温帯低気圧が発達するときは相対的に暖かい空気が上昇し，相対的に冷たい空気が下降することを説明しました．冷たい空気は暖かい空気より密度が大きいので，発達にともなって低気圧全域平均で重心が低くなり，位置エネルギーが減少します．位置エネルギーの減少分は運動エネルギー[註]に変わって風速が増加し強風域の範囲も拡大します．

(註) エネルギーとは仕事をなしうる能力です．物体の速さをV，質量をmとしたとき，$(1/2)mV^2$を物体の運動エネルギーと呼びます．高い台の上からボールを落下させると，ボールは落下速度（運動エネルギー）を得ますが，位置が低くなって位置エネルギーが減り，それに相当する量の運動エネルギーが増加しています．別の表現をすると，下向きの重力がボールを下向きに引っ張って仕事をして，ボールの運動エネルギーを増加させたことになります．低気圧が発達するときもこれと同じ原理で風速が増大します．

2.4.3 温帯低気圧の発達と熱の南北交換

温帯低気圧が発達すると，低気圧の後方で寒気が南下し，前方で暖気が北上します（図2.19）．また低気圧のライフサイクルに伴って低気圧後面でP

ジェットに伴うトラフの南下と寒帯気団の南下，低気圧前面でのPジェットとトラフの北上と熱帯気団の北上が起こります（図2.4）．すなわち温帯低気圧は暖かい空気を北向きに輸送し，冷たい空気を南向きに輸送して熱を南北に交換し，南北の気温傾度を弱めます．太陽放射の吸収，地球放射の射出・吸収の差による低緯度の加熱と高緯度の冷却で南北の気温傾度が強まりジェット気流の風速が増大すると傾圧不安定で低気圧が発生する繰り返しになります．

2.5 温帯低気圧を取り巻く空気の運動

Bモデルでは温帯低気圧近傍の空気の運動が示されています（図2.9）．この時代は高層観測がありませんでしたから，上空の流れは雲の動きから推定された不十分なものでした．現代はどのようなモデルが得られているでしょうか．

低気圧周辺の空気の運動は，地上天気図でみると低気圧を取り巻く渦運動のように見えますが高層天気図では空気は波打ちながら低気圧を通り過ぎて西から東に移動しているように見えます．上層の空気と下層の空気は関係なく動いているのでしょうか．

2.5.1 流線と流跡線

空気の運動の表し方には流線と流跡線の二つがあります．流線はある瞬間の流れを示す流体素片をつなぐ線です．天気図では各点の風向に平行に引かれた線です．摩擦の影響が無ければ，大規模な運動では地衡風あるいは傾度風的な運動になっているので，高層天気図の等高線は近似的に流線とみなせます．また天気図には風が記入されていますから，流線は見慣れているといえます．

流跡線は個々の空気塊を追跡したとき，空気塊がたどる道筋です．温帯低気圧の回りの流跡線はどのようでしょうか．低気圧は事例ごとに異なりますし，時間的に変化していますから低気圧中心に相対的な運動の平均的な像を

一義的に求めることはできません．空気塊を追跡する間，前線の形状や低気圧の構造が変わらないという仮定が必要になります．

2.5.2 温帯低気圧周辺の流跡線

高層観測が充実した1950年代以降，低気圧の中心に相対的な流跡線を求める試みがいくつかなされています．図2.21は数値予報モデルの予想で，低気圧の閉塞が始まってから21時間の流跡線を求めた結果です．これは一つの事例ですが低気圧周辺の空気の運動の興味深い点がみられます．

空気塊の流跡線がA,B,C等の記号をつけた矢印付きの帯で示されています．流跡線の幅は1000hPaから300hPaまでの空気塊の高度を示していて高度が高い所は幅が広くなっています．黒塗り部分は空気塊が下降しているところです．点彩域は中間の時間帯の中・上層の雲域です．地上前線も黒い線で示されています．

図を見ると低気圧の発達に伴って千km〜2千kmも離れていた空気塊が低気圧の中心近くで接近しています．毎秒数cm〜数十cmというゆっくりした速さの上昇，下降運動が水平および鉛直方向に空気を混合させる役割を果たしていることが分かります．詳しく見ると流跡線の図から次のことが読み取れます．

天気図（流線）で見ると下層の空気塊は低気圧の周りを回転し，上層の空気塊は波打ちながら低気圧を通り過ぎてゆくように見えます（例えば図2.19）．しかし流跡線で見ると低気圧中心のはるか後方の上層の空気塊（F，G）も下降して中心に近づき，低気圧の周りを回転しています．一旦下降した後再び上昇して，低気圧の前方に移動する空気塊Gはジェット気流の強風軸付近の流跡線です．空気塊Gより南側の流跡線は示されていませんが，他の調査を参考にすると下降しつつ寒冷前線後面の高気圧の周りをまわって西に移動すると見られます．流跡線でみると，温帯低気圧が対流圏全体にわたる巨大な渦巻きであることが実感できます．

寒冷前線付近から温暖前線付近にかけての相対的に暖かい空気塊は全体的に上昇の傾向となっていて，低気圧後方の空気塊が全体的に下降しているのと対照的です．この図の上昇，下降の鉛直流は図2.20の模式図と大局的に

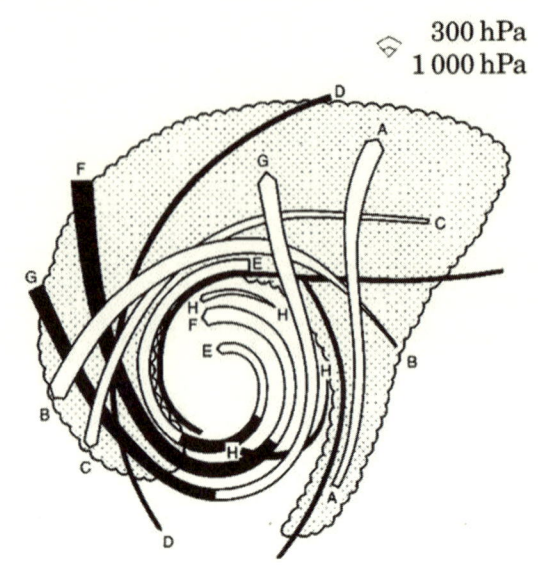

図2.21 数値予報モデルの21時間の予想値から計算された温帯低気圧周辺の流跡線（リード（リード（Reed）他，1994））
線の幅が空気塊の高度を示していて白い部分は上昇流，黒い部分は下降流のところです．点彩域は中・上層の雲域です．

よく対応しています．

2.6 温帯低気圧に伴う雲と降水

　Bモデルの雲と降水の分布は図2.9に示しました．平面図では寒冷前線に沿う幅の狭い雨域と温暖前線の寒気側の幅の広い降雨域が示されています．立体図では前線面に沿う雲の種類とおよその高度が示されています．暖域には雲がほとんど存在していません．たびたび説明しましたが，これは離れ離れの観測点での目視観測を総合した結果です．現代では気象衛星で雲分布を，気象レーダー観測で降水分布を観測することができます．

　図2.22は温帯低気圧が発生してから閉塞するまでの雲分布を気象衛星による観測結果からモデル化したものです．図1.2や図2.6の雲分布も参照し

2. 温帯低気圧

てください．

　図2.22で矢印付きの太実線は上層の流れ，細実線は上層の等圧面の等高線，×印は地上低気圧の中心です．雲域としては下層雲域，上中層雲主体の雲域，中下層雲主体の雲域と前線性雲バンドがあります．図でバルジとは雲の縁が北側に膨らむこと，木の葉状とかフックは雲の形を指しています．ドライスロットは乾燥した空気が下降する狭い領域で，図2.21で上層から下降してくるFやGの流跡線の黒塗り部分の先端に対応します．

　Bモデルの雲分布は大局的にみて気象衛星の観測と合っています．但し衛星の観測では暖域にも広範囲に雲があります．発生期から衰弱期まで上中層雲主体の雲域が，寒冷前線に沿う暖気側で発生して暖域を横切って温暖前線の前面に広がっています．低気圧の接近前にみられる巻雲はこの雲域の先端に対応しているようです．この雲域は図2.21では空気塊Aの流跡線に対応し，

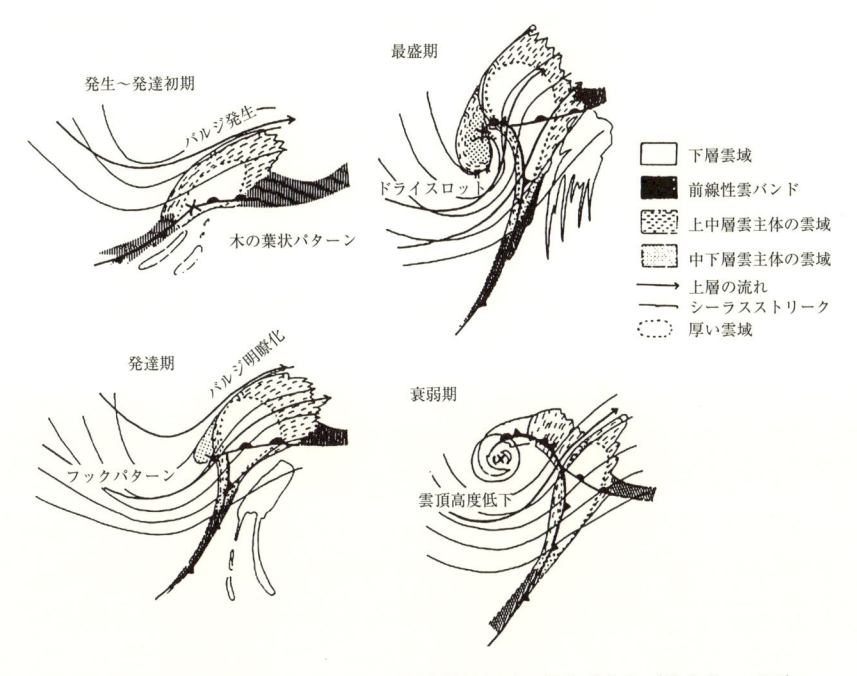

図2.22 気象衛星の観測からまとめられた温帯低気圧に伴う雲分布（鈴木他，1997）
　　　　 上層，上・中層，中・下層の雲域と前線性雲バンドに分類されています．細実線は高層天気図の等高線，太実線は上層の流れを示します．

Bモデル（図2.9）では温暖前線を上昇する流れとして描かれているとみなされます．

図2.22で寒冷前線に沿う巾の狭い前線性雲バンドには積乱雲など対流性の雲も含まれていると考えられます．図2.21の流跡線を求めた数値予報モデルは積乱雲を予想できませんので，寒冷前線付近の降水についての図2.22との詳しい比較はできません．

2.7 梅雨前線と低気圧

2.7.1 天気図でみる梅雨前線

このシリーズの「梅雨前線の正体」で梅雨前線と関連する現象のメソ的構造なども含めて詳しい解説がなされます．ここでは梅雨前線と前線上の低気圧の総観的な特徴を観察します

図2.23，2.24，2.25はそれぞれ2011年6月7日9時の地上天気図，850hPa図，500hPa図です．地上天気図の実線は等圧線（4hPa毎）です．850hPaと500hpaでは，実線が等高線（60m毎），破線が等温線（3°C毎）です．850hPaの点彩域は気温と露点温度の差が3°C以下の湿潤域です．500hPaの太点線はSジェットの強風軸の位置です．

図2.23の地上天気図では九州の南に中心気圧1002hPaの規模の小さい低気圧があります．低気圧から東と西に停滞前線が長く延びていて，西の方では東経110度付近まで達しています．梅雨の季節なので梅雨前線と呼ばれています．低気圧は発達せずに東に進み，24時間後には消滅しました．

日本の南には東経170度付近に中心がある太平洋高気圧（亜熱帯高気圧）から伸びるリッジ軸がフィリピンから台湾の間を通ってインドシナ半島に達しています．リッジ軸の北側で南西の風が前線に向かって吹いています．

図2.24の850hPa図では地上天気図で九州の南にある低気圧に対応して，九州の西に風の循環から推定される弱い低気圧があります．日本の南岸から東シナ海にかけて18°Cと15°Cの等温線の間隔が狭い前線帯があり，湿潤域

2. 温帯低気圧

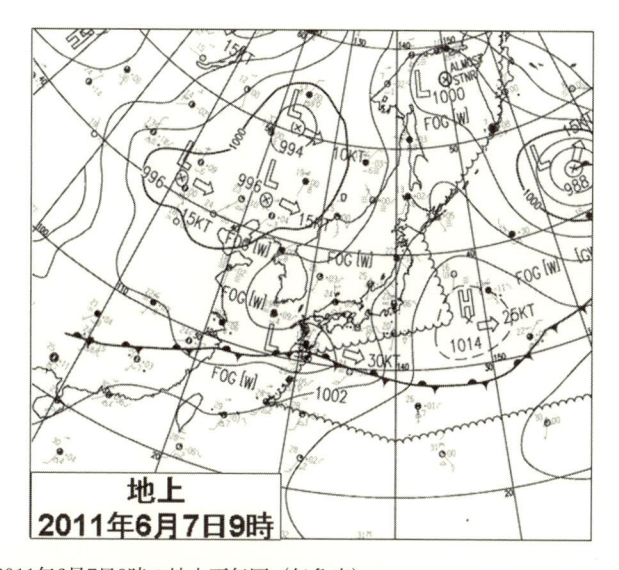

図2.23 2011年6月7日9時の地上天気図（気象庁）
実線（4hPa毎）は海面気圧の等圧線．九州の南に弱い低気圧があり，梅雨前線が華南から日本の南を通って東に伸びています．

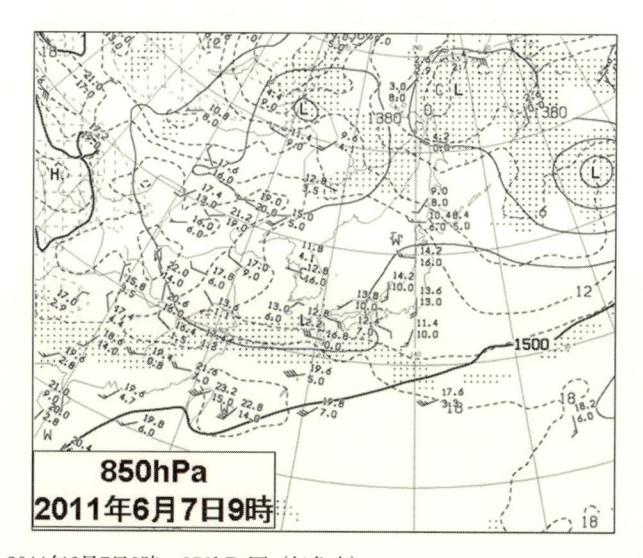

図2.24 2011年6月7日9時の850hPa図（気象庁）
実線は等高線（60m毎），破線は等温線（3℃毎）．点彩域は気温と露点温度の差が3℃以下の湿潤域．九州の西に風の循環から低気圧の存在が推定されます．

になっています．中国大陸南部では気温傾度は殆どありませんが，湿潤域が東から連続していて，そこでは風の収束が明瞭です．日本付近ではオホーツク方面にある寒帯気団と南側の熱帯気団との間で梅雨前線帯の気温差が見られますが，大陸では日射の加熱で下層の気温が上昇し，南側の熱帯気団との間に気温傾度は見られません．但し風の収束が顕著で大陸の乾燥した気団と南側の湿潤な気団との間で大きな湿度差が見られます．

図2.25の500hPaでは，本州南部から華中にかけて気温傾度がやや強く，東西に延びる強風帯があります．これはSジェットに対応する強風帯です．しかし50ノットを越える風の観測値はありません．九州の南にある低気圧に対応する気圧の谷が，渤海湾から南西に延びています．下層の前線帯はSジェットのやや南にみられます．

高度や気温の場で大きく見れば，低気圧や前線付近は温帯低気圧の場合と似ています．しかし異なる面もあります．前線帯の気温傾度もトラフも弱く低気圧は発達しません．温暖前線，寒冷前線が明瞭でなく，ほとんどが停滞

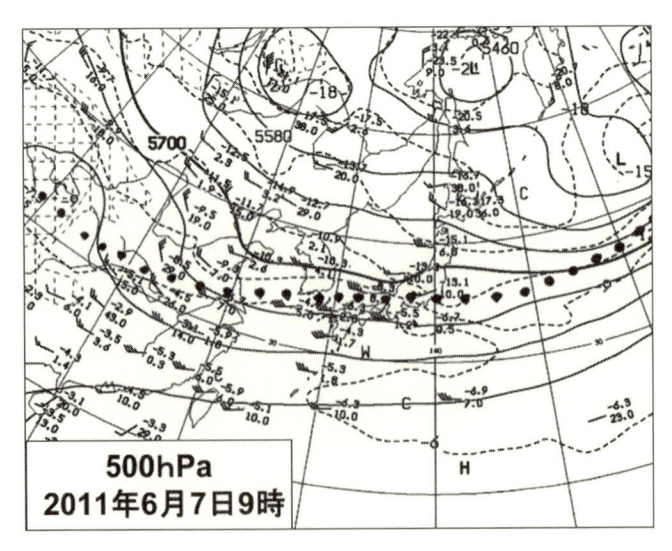

図2.25 2011年6月7日9時の500hPa図（気象庁）
実線は等高線（60m毎），破線は等温線（3℃毎）．太点線はSジェットの強風軸を示します．九州の南の低気圧に対応するトラフが渤海湾から南西に伸びています．

2. 温帯低気圧

前線です．また中国大陸では気温傾度でみると前線帯は存在していません．

　図2.25の500hPa図にはSジェットの強風軸の位置が太点線で示されています．図にみられるようにこの季節にはSジェットはヒマラヤ山塊の南を通っていません．春から夏にかけてSジェットが次第に北上し，ヒマラヤ山塊の北側を通るようになる頃，九州付近の梅雨が始まります．Sジェットの位置は熱帯気団の北端に相当しますから，Sジェットの北上と共に高温，多湿の熱帯気団の日本への流入が本格化します．梅雨前線は亜熱帯ジェット気流の強風軸のやや南に存在する前線で図2.17の亜熱帯前線に対応しています．

2.7.2　梅雨前線に伴う雲と降水

　図2.26は6月7日9時のレーダーエコー合成図（a）と気象衛星赤外画像（b）です．図（a）では前線の北側に降水域が広がり，前線に沿って強い降水域がみられます．濃い黒色とその内側の白い部分は降水強度の強い部分です．降水域のところどころに塊状の強い降雨域がありますが，九州の南の低気圧近傍で特に顕著です．図（b）でも前線に沿って雲域が東西に延びています．灰色で層状に広がる雲域は主に高層雲と見られます．ところどころに白く輝く塊状の雲は背が高い積乱雲の集合で，図（a）と対比すると強い降水域に対応しています．華南の湿潤域に沿って長さが600kmもある大きな積乱雲の集合があります．積乱雲の塊は強い雨や集中豪雨をもたらします．

　気象衛星画像で暗（黒）く見えるところは霧や層雲など高度の低い雲か雲のない領域です．梅雨前線の雲域の南側には東西に延びる幅広い黒色の領域があります．図2.23で説明した太平洋高気圧のリッジ軸に沿っていて雲がない領域です．

　気象衛星の雲画像やレーダー合成図でみると梅雨前線に伴う雲や降水の分布は，これまでに説明した温帯低気圧の場合とは様相が異なります．低気圧だけに着目するのではなく，前線帯のところどころで発生して強い雨をもたらす積乱雲の集合を生じさせるメソ的構造に注意しなければなりません．梅雨前線の南側の下層は高温多湿の熱帯気団です．熱帯気団の成層は条件付き不安定で，持ち上げの条件があれば，いつでも積乱雲が発生する状態です．

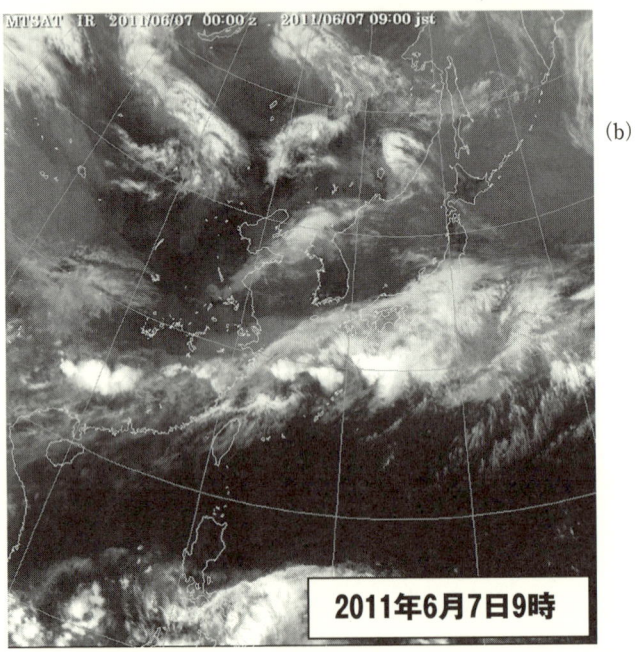

図2.26 2011年6月7日9時のレーダーエコー合成図（a）と気象衛星赤外画像（b）（APLA出力）
図（a）でエコー域のところどころにある濃い黒色とその内側の白い部分は降水強度が強い領域です．図（b）で前線に沿って白く輝く塊は雲頂の温度が低い（背が高い）積乱雲の塊を示し，図（a）で降水強度の強い所に対応しています．

梅雨前線上の低気圧の構造はこれまで説明した温帯低気圧とは異なるメソ的特徴を持っていますが，それらについては「梅雨前線の正体」を参照してください．

2.8 気候的にみた日本付近の温帯低気圧

これまでは一つの温帯低気圧の構造，発生と発達の機構，ライフサイクル，温帯低気圧に伴う天気などを調べて来ました．この節では日本周辺の温帯低気圧の発生域や移動経路など気候的な面を調べます．

2.8.1 発生域の分布

図 2.27 は 1958 年―87 年の 30 年間の東アジアおよび北西太平洋地域の温帯低気圧の発生数の統計です．緯度，経度 2.5 度毎の領域で集計され，緯度による面積の違いの補正をした 1 カ月当たりの発生数が，冬（12，1，2 月）（図 (a)），春（3，4，5 月）（図 (b)），夏（6，7，8 月）（図 (c)），秋（9，10，11 月）（図 (d)）の季節に分けて示されています．発生数と同じ方法で存在数の統計も求められています．図の矢印つき実線は，30 年間の低気圧の存在数の極大域を結んだ線です．これを温帯低気圧の気候的な移動経路とみなします．

図 2.27 によれば発生数が周辺より相対的に大きい地域が三つあります．一つは北緯 50 度から 70 度，東経 70 度から 80 度付近の地域です（発生域 A）．発生域 A は発生数が少なく，発生数極大の位置は季節的にかなり変動しています．二つ目はバイカル湖の南の北緯 45 度付近に極大がある発生域です（発生域 B）．発生数も発生域の範囲も季節的に変動しますが，発生数の極大域は年間を通じてモンゴル高原にあります．発生数は春に最大で夏，秋，冬と季節の進行に応じて減少しています．三つ目が日本付近の発生域です（発生域 C）．日本付近では発生域も発生数も季節的にかなり変動します．

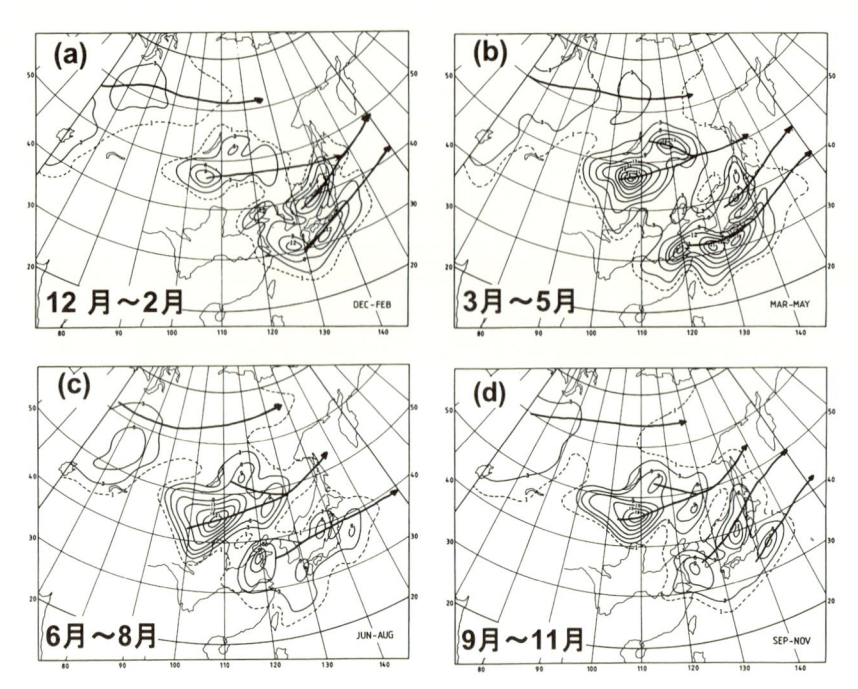

図2.27 春，夏，秋，冬の季節毎に30年間（1958年〜1987年）で平均した1カ月あたりの温帯低気圧の発生数（チェン（Chen）他，1991）
冬（12, 1, 2月）(a)，春（3, 4, 5月）(b)，夏（6, 7, 8月）(c)，秋（9, 10, 11月）(d)

2.8.2 発生域偏在の要因

(a) 長波と短波

　温帯低気圧の発生が特定の地域に偏る要因は何でしょうか．上層の流れと下層の状態に原因があります．日本付近と北アメリカ大陸東岸の大西洋域は世界的に冬季の温帯低気圧の発生数が特に多い地域です．図2.16（b）の冬期のPジェットの平均的存在域をみると日本付近，北アメリカ大陸東岸，中央アジア付近の三か所は大きなトラフ域で寒帯気団が南下しています．流れの形態を波動としてみると谷と谷の間の波長が1万km程もある大きな波なので長波と呼ばれます．長波は地球規模の波という意味で惑星波とも呼ばれます．長波の谷の位置は春や秋も冬とあまり変わりません．一方図2.3や

図2.4で見られるPジェットのトラフは規模が小さいので短波と呼ばれます．

長波は大陸と海洋の熱的特性の差，ヒマラヤ山塊，ロッキー山脈等の大山岳の力学的影響で形成される停滞性の波で平気天気図をつくると見やすくなります．これに対して温帯低気圧を発生させる短波は，前に説明したように傾圧不安定で発生します．短波は移動性の波ですから時間平均天気図を作ると谷と尾根が打ち消し合って見えなくなります．

(b) 温帯低気圧の発生

温帯低気圧の発生にはPジェットのトラフ（以後短波のトラフ）と下層の前線帯との相互作用が重要であることを説明しました．図2.4をみると短波のトラフはバイカル湖付近から図2.16（a）の平均図で見られる大規模の流れに沿うように移動しています．長波のトラフは短波のトラフを発達させやすい働きがあるので，長波のトラフが停滞する場所では温帯低気圧の発生が多くなります．図2.27の発生域AとCは図2.16（a）の長波のトラフのところに対応しています．

次に下層の要因を検討します．長波の谷は短波の谷が南下してくるところですから，南下する寒気と南の暖気との間に気候的な前線帯が形成されやすく，低気圧の発生が多くなります．また日本付近やアメリカ大陸東岸ではそれぞれ暖かい黒潮とメキシコ湾流が流れる場所で，水蒸気が多くて凝結の潜熱による加熱が大きいこと，海洋は陸に比較して摩擦が小さいこと等が温帯低気圧の発生に好都合です．

発生域Bは二つの長波のトラフの間で短波のトラフが発達しやすい場所ではありませんし乾燥域です．それにもかかわらず年間を通して多発生域で冬季でも多く発生する理由は二つ考えられます．一つは発生域Bが北緯40度～50度で気候的な寒帯前線帯の付近にあることです．図2.4に示されているように短波のトラフが通過しやすい地域ですから，下層との相互作用の点で発生に好都合です．もうひとつはアルタイ山脈，サヤン山脈の力学的影響で風下低気圧が発生しやすいためと考えられています．

2.8.3 日本付近の発生域の季節変動

日本付近では多発生域の南北変動が目立ちます．冬は東シナ海から日本の南岸に延びる多発生域と渤海湾から日本海北部に延びる多発生域の二つがあり，両者の発生数はほぼ同じです．短波のトラフが中国大陸東部から日本付近に南下して，北緯 30 度付近に低気圧を発生させます（図 2.4）．春は二つの多発生域が冬に比べて少し北上し，北側では発生数が減少しています．南岸の多発生域の発生数は 4 つの季節で最大です．夏になると日本南岸の多発生域が日本海に移動しています．秋の発生域分布は夏とほぼ同じです．

冬から春，夏にかけて低気圧の発生域が北に移動するのは，季節の進行に伴って S ジェットの位置が次第に北に移動して下層の前線帯が北上すること，トラフが南下する限界の位置も次第に北に移るからです．S ジェットは熱帯気団の北限に対応していますから，S ジェットの位置の変化は季節変化に関係します．日本付近では，S ジェットは冬季には北緯 30 度以南にありますが，盛夏期には北海道中部付近まで北上し，日本は亜熱帯高気圧に覆われます．前線帯の北上は 5 月〜7 月にかけては梅雨前線の北上としてあらわれます．

2.8.4 温帯低気圧の移動

日本付近では夏期間を除くと，発生域に応じて日本海を通る低気圧と，日本南岸を通る低気圧の二つのコースがあります．

温帯低気圧は平均的には西から東へ移動していますが，発生域により北上傾向が異なります．緯度の高い発生域 A と B の温帯低気圧は西から東へ移動する傾向が見られ，緯度の低い日本付近および日本の東では北上傾向が顕著です．また季節的にみると夏期間（図 2.27（c））は他の期間に比較して北上傾向が小さくなっています．

温帯低気圧は大局的には上層の流れの方向に移動します．図 2.4 を参照すると，短波のトラフはバイカル湖方面から 500hPa の平均図の流れ（図 2.16（a））に沿うように日本付近に南下しています．トラフは移動途中で下層に好都合な条件があれば温帯低気圧を発生させます．発生域 B 付近の流れは平均的には日本付近より東西方向の傾向が強いので（図 2.16（a）），低気圧

の移動も東へ進む傾向が大きくなります．日本付近では長波のトラフ前面で南西から北東の方向への移動が顕著になり，日本南岸に発生した低気圧は東北地方や北海道にも影響を及ぼします．

季節的にみると暖候期は寒候期に比較してトラフやリッジの発達が小さく，相対的に東西の流れが卓越するので，温帯低気圧の移動経路も東西方向の傾向が強くなります．

2.9 急速に発達する温帯低気圧

2.9.1 急速発達低気圧

2011年1月15日15時に日本海中部に1008hPaの温帯低気圧が発生し，その後急速に発達して17日21時にはカムチャッカ半島の南東海上で最低気圧932hPaに達しました（図2.28）．図によれば中心から2000km離れたところでも40ノットの風が観測されています．中心から2000km～3000kmで最大風速が60ノットに達するという海上警報が発表されていて，とても広い範囲で暴風を伴う温帯低気圧です．この時の中心気圧の変化を6時間毎に表2.1に示します．最も急速な発達は24時間で48hPaの気圧低下でした．

緯度60度を基準にして，緯度ϕの地点で中心気圧が24時間で24hPa×($\sin\phi/\sin 60°$)以上深まる低気圧を急速発達低気圧[註]と呼ぶことがあります．今回の低気圧は勿論この急速発達の基準を満たしています．急速発達低気圧は風の強まりが急激であること，他の低気圧に比較して中心気圧が低くなり強い風の範囲が広くなることで，陸上でも海上でも防災上特に注意しなければならない現象です．

（註）米国ではボンブ（爆弾低気圧）と呼んでいます．

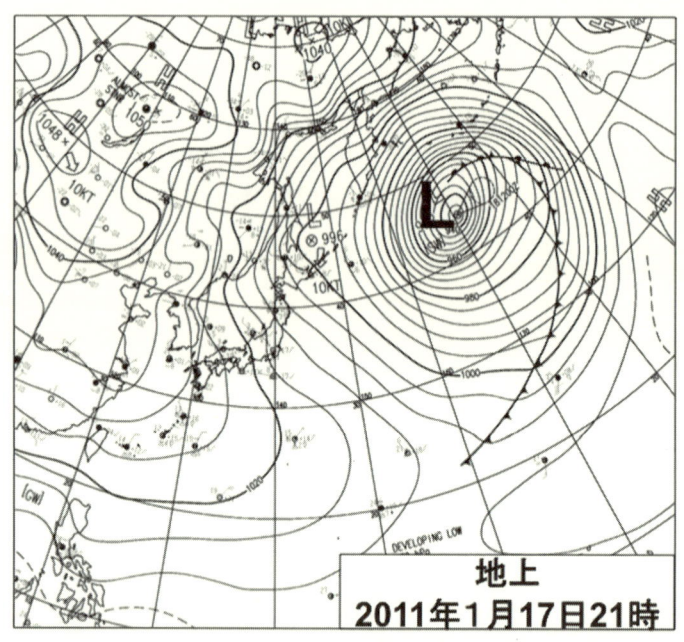

図2.28 2011年1月27日21時の地上天気図（気象庁）
等圧線（実線）は4hPa毎．北緯45度，東経170度付近にある中心気圧932hPaの温帯低気圧が急速発達低気圧です．

表2.1 急速発達低気圧（図2.28）の中心気圧の6時間毎の変化．

日	15		16				17				18			
時刻	15	21	03	09	15	21	03	09	15	21	03	09	15	21
中心気圧 (hPa)	1004	1000	990	984	972	960	946	936	934	932	932	936	942	946
△P (hPa/6時間)		−4	−10	−6	−12	−12	−14	−10	−2	−2	0	+4	+6	+4

2. 温帯低気圧

2.9.2 急速発達低気圧の地域分布

　日本付近は世界的にも低気圧の発生数が多く，かつ大きく発達する地域ですが，急速発達の基準を満たした低気圧はどんな地域分布をしているでしょうか．10月から翌年3月までの6カ月の4冬期についての統計を示します．図2.29は東経100度から180度までの範囲で発生して急速発達の基準に達した低気圧178事例を発生域と移動経路により（a），（b），（c）三つのタイプに分類して示しています．図の▲は発生位置，○は最大発達率の位置，＋は中心気圧最低の位置です．

　オホーツク－日本海タイプ（図（a））は主にバイカル湖付近で発生して東に進み日本海北部からオホーツク海に移動しています．太平洋－大陸タイプ（図（b））は大陸と東シナ海方面の二つの地域で発生して東に進みますが，日本の東で北上傾向が顕著です．太平洋－海洋タイプ（図（c））は東シナ海南部あるいは日本の南で発生し東北東から東に移動しています．

　図2.29によれば最大発達率は日本の東海上で多く見られること，南で発生する低気圧ほど北上傾向が大きいことなど，図2.27で温帯低気圧全体について説明したと同様な傾向が見られます．ただし急速発達低気圧の数は年間を通じて発生数が最も多いモンゴル付近よりも東シナ海から日本南岸で多くなっています．長波のトラフの東で短波のトラフが発達しやすいこと，海洋上で水蒸気が多いことなどが影響していると見られます．

(a) オホーツク海—日本海タイプ

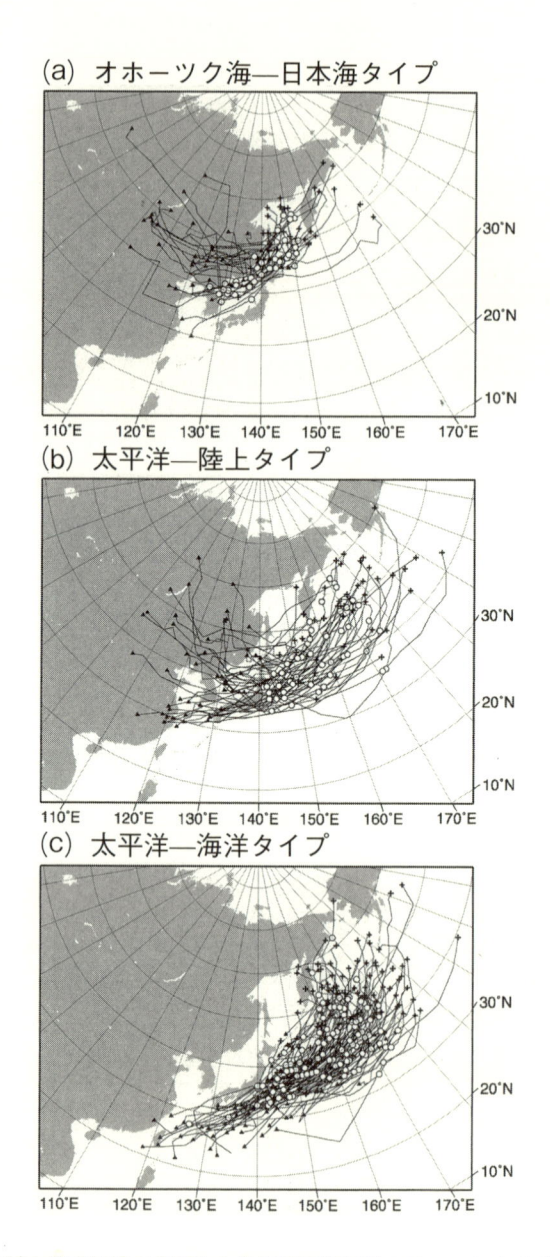

(b) 太平洋—陸上タイプ

(c) 太平洋—海洋タイプ

図2.29 発生域と移動経路で分類した急速発達低気圧の三つのタイプ（遊馬, 2003）▲は発生地点，○は最大発達率の位置，＋は中心気圧が最低の位置です．

コラム 2　等圧面天気図

　このコラムでは等圧面天気図で水平気圧傾度を求める方法，トラフやリッジの位置が高さとともに変わる理由などを説明して本文を補足します．

（1）等圧面天気図で気圧傾度を求めるには

　等圧面に沿っては気圧の変化はありません．等圧面天気図で水平気圧傾度を求める方法を検討します．参考図1に示す二つの等圧面と一つの水平面の配置で点A，B，Cを図のようにとります．点Aと点Cは同じ等圧面上にあり，点Aと点Bは同じ水平面にあります．点Aと点Bの距離を$\Delta \ell$（$=x_B-x_A$），点Cと点Bの高度差をΔz（$=z_C-z_B$）とします．点Aと点Bの気圧差をΔp（$=p_B-p_A>0$）とすると点Aの気圧傾度は$\Delta p/\Delta \ell$です．点Cと点Bの気圧差もΔpですから，静力学平衡の式（コラム1の式（C1—3））を利用して

$$\Delta p/\Delta \ell = \rho g \Delta z/\Delta \ell \qquad (C2\text{—}1)$$

　等圧面天気図では水平気圧傾度を等圧面高度の傾度で表すことができます．

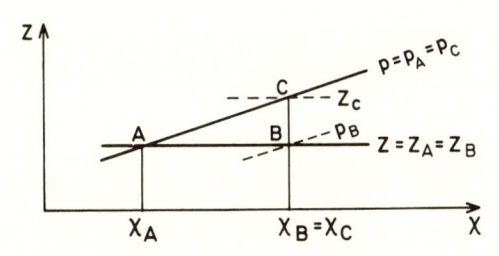

参考図1　等圧面天気図で水平気圧傾度を求める方法の説明
　　　　点Aと点Bの気圧差，$\Delta p = p_B - p_A$は点BとCの気圧差に等しく，静力学平衡の仮定から点AとC（BとC）の高度差であらわされます．

(2) 等圧面天気図の高・低気圧と等高度面天気図の高・低気圧

　参考図2に気圧が P_u と P_L（$P_L > P_u$）の二つの等圧面（破線）と高度 Z_u と Z_L（$Z_u > Z_L$）の二つの水平面（実線）が示されています．水平面上に点 a，b および a'，b' をとり点 a の気圧を p_a のように表わします．容易に分かるように，同じ高度の気圧を比較すると $p_a > p_b$，$p_{a'} < p_{b'}$ です．等圧面高度の高いところは水平面でみて気圧が高くて高気圧，等圧面高度の低いところは水平面でみると気圧が低いので低気圧に対応します．

(3) 高さによるトラフとリッジの位置の変化

　参考図2に示す二つの鉛直気柱（斜線域）の平均気温を T_w，T_c とします．気温 T_w の気柱は下層の等圧面のトラフ（低気圧）の所にあり，気温 T_c の気柱は上層の等圧面のトラフ（低気圧）付近にあります．平均気温は層厚の大きさに比例しますから図では $T_w > T_c$ です．図から上層のトラフは下層のトラフ（低気圧）の低温側に位置することが分かります．

　反対に上層のリッジは下層のリッジの高温側に位置する傾向となります．トラフ（トラフ軸）の傾斜は低気圧の発達に大きな影響を及ぼします．

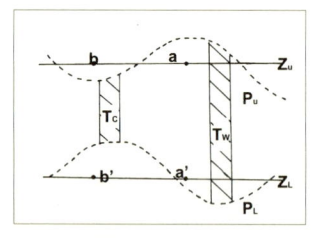

参考図2　等圧面の高・低気圧と等高度面の高・低気圧の関係及び下層のトラフ（低気圧）と上層のトラフあるいは下層のリッジ（高気圧）と上層のリッジの位置関係を示す模式図
　　　　　気温の高い所（T_w）は層厚が大きいので下層が低気圧でも上層は高気圧になり，気温の低い所（T_c）は層厚が小さいので下層が高気圧でも上層は低気圧となり，トラフは高さとともに低温側に傾きます．

コラム 3　コリオリの力

(1) 座標系

　本書では，基準とする点で地球表面に接し，地球とともに回転する平面で大気の運動を考えます．平面内に基準の点で直交する三本の直線（座標軸）をとり，それぞれ東をx軸の正，北をy軸の正，垂直上向きをz軸の正の向きとします（参考図1）．これを仮に地球座標系と略称します．座標系としてはたとえば基準の点を通る緯度線と経度線をそれぞれx軸，y軸とする座標系などいろいろあります．

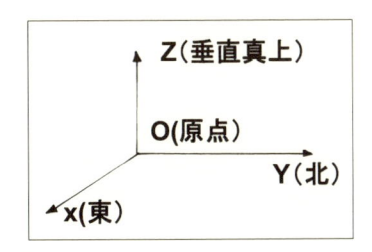

参考図1　地球座標系
　気象では一般に東をx軸の正の向き，北をy軸の正の向き，鉛直上向きをz軸の正の向きに選びます．

(2) コリオリの力は何故生じるのか．

　コリオリの力の理論的説明は省略し，感覚的に理解することにします．地球は北極点の真上からみると時計の針の回転と逆向き（反時計回り）に自転しています．北極点(p)で地球に接する平面内に二つの座標系があるとします．一つはx軸とy軸を遠くの恒星の方向に固定した座標系です．z軸は地軸の方向を向いて動きませんから，この座標系は宇宙空間に固定された慣性系です．もう一つはx軸，y軸が地球と共に角速度Ωで回転する地球座標系です．

　二つの座標系のx軸が一致して恒星Sに向いたとき，恒星Sに向けて速さuで弾丸を発射したとします（参考図2（a））．力が働かないとすると弾

丸はt秒後に慣性系のx軸に沿ってutだけ進みます．この位置を角速度Ωで自転する地球座標系でみると（参考図2 (b)），弾丸はx軸方向に進むと同時に，右の方にも動いています．地球が慣性系に対して自転しているからです．地球座標系でもニュートンの運動の法則が成り立つとするためには，弾丸を右側に動かす右向きの力が必要です．これがコリオリの力（転向力ともいう）です．

　計算は省略しますが，単位質量あたりのコリオリの力は大きさが$2\Omega u$で物体の運動方向に垂直右向きに働くことが分かります．回転角速度が大きければ，また弾丸の速度が大きければ右向きのずれが大きくなることから，コリオリの力がΩuに比例することが推定できるでしょう（参考図2 (b)）．

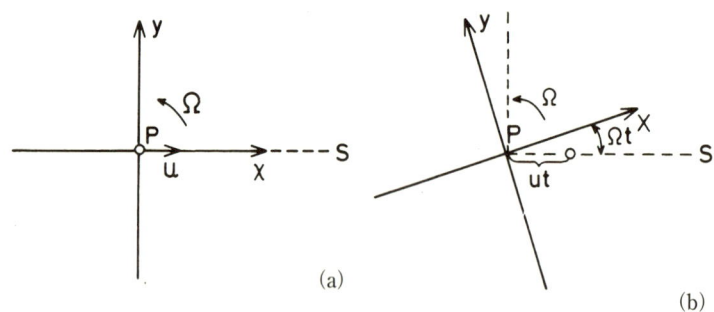

(a)　　　　　　　　　　　　(b)

参考図2　コリオリの力が生ずる理由を説明する図
　　　　　地球座標系と慣性系のx軸が一致したときに，弾丸を速度uで北極点（P）から恒星Sに向かって発射します（a）．恒星Sに向かって進む弾丸の位置を，角速度Ωで回転する地球座標系から測ります（b）．

(3) コリオリの力の緯度依存性

　地球は地軸の回りを角速度Ωで自転しています．Ωの大きさを地軸に平行な矢印付きの直線の長さで示します．緯度ϕの地点では地軸に平行な方向の角速度はΩですが鉛直方向の回転の大きさは，地軸の方向をむく直線を鉛直方向に射影した大きさになり$\Omega \sin\phi$です（参考図3）．従って一般的に記すと，「速さVで運動する物体には，運動方向に垂直右向きに，大きさ$2\Omega \sin\phi$Vのコリオリの力が働く」ということになります．赤道上ではコリオリの力は働きません．なお南半球では地球の回転方向が時計の針の回転の向きと同

じ（時計回り）になるので，コリオリの力は北半球と反対の向きで運動方向に垂直左向きに働きます．

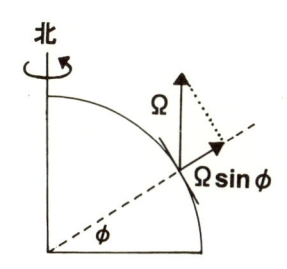

参考図3 地軸の回りの回転角速度と鉛直軸の回りの回転角速度
地軸の周りに角速度Ωで回転していると緯度ϕの地点では鉛直軸の周りに角速度$\Omega \sin \phi$で回転します．

コラム 4　傾度風,旋衡風の加速度と遠心力

(1)　コラムの目的

　本文の図 2.12 (a)（ここでは図 A と略称）と図 2.12 (b) 図（図 B と略称）はどちらも低気圧の場合の傾度風を説明する図です．図 A では中心に向く向心加速度が示され，図 B では加速度と同じ大きさの反対向きの遠心力が示されています．二つの図の見かけ上の違いの理由を説明して遠心力の理解を深めていただくのがこのコラムの目的です．

(2)　地球座標系で表す運動

　図 A は地球に固定した直交座標系（コラム 3，参考図 1）（地球座標系）で説明しています．但し座標軸の方向が，例えば x 軸が東向き，y 軸が北向きというように固定されはていません．円周上の任意の点に座標原点をとった時，n 軸は円の中心を向く直線とし，n 軸に直交して流れの方行にむく直線を s 軸とします．図 2.12 (a), (b) に n 軸, s 軸の向きが示してあります．s 軸は座標原点での円の接線になります．

　n 軸と s 軸方向の運動方程式を作ります．s 軸は円の接線なので s 軸方向には気圧傾度力はなく加速度はありません．（円周方向には等速と仮定したことと矛盾しません）．n 方向では気圧傾度力が中心を向き，コリオリ力が気圧傾度力と反対に外向きに働きます．気圧傾度力がコリオリ力より大きいので，その差が中心向きに働きます．この力は向心力と呼ばれます．

$$\text{向心力} = \text{気圧傾度力} - \text{コリオリ力} \qquad (C4-1)$$

　この向心力により中心を向く加速度が生じます．単位質量あたりの加速度は向心力と同じ大きさです．向心力を加速度で置き換えたのが本文の式 (2.4) の運動方程式です．

$$\text{加速度} = \text{気圧傾度力} - \text{コリオリ力} \qquad (C4-2)$$

　座標原点をどこにおいても全く同じ式が成立します．但し座標原点の場所

によりn軸とs軸の向きが変わります．

(3) 空気塊と一緒に動く座標系

　円周上の任意の点を座標原点とする地球座標系で運動方程式を作ると空気塊は座標原点に対して速さVで運動します．今度は座標原点が空気塊と一緒に運動する座標系を考えます．この座標系では空気塊は静止しているので加速度はありません．しかし空気塊は地球表面に対して速さVで運動していますから，式（C4－1）で示したように，（気圧傾度力－コリオリ力）の大きさの向心力が中心の向きに働いています．空気塊が静止しているためには，運動方程式で向心力とおなじ大きさの仮想的な力（見かけの力）が中心から外向きに働いて，向心力と釣り合っていると考えなければなりません．この見かけの力は外向きに働くので遠心力と呼ばれます．すなわち

　　　　気圧傾度力－コリオリ力－遠心力＝0
　　　　気圧傾度力＝コリオリ力＋遠心力　　　　　　　（C4－3）

　これが図B（図2.12（b））の表わし方です．すなわち図Aと図Bでは，空気塊の運動を表わす座標系が異なっています．

　遠心力は円運動をしている物体の運動を，物体と一緒に回転している座標系であらわしたときに導入される見かけの力ですから，空気塊を動かす働きはありません．従って2節（2.2.3）では説明していません．

コラム 5　空気塊の気温変化及び雲と降水の生成

　本文では降水の生成機構は説明していません．このコラムで水蒸気の凝結と雲の生成，空気塊の気温変化，積乱雲の発生等について簡単に説明して補足します．

(1) 相対湿度の変化と雲と降水の生成
　相対湿度が増加して100％になると，水蒸気が凝結して雲や霧が生じます．相対湿度100％の状態を水蒸気が飽和していると呼びます．雲から降水が生成される複雑な過程の説明は省略します．
　飽和しているときの水蒸気の圧力が飽和水蒸気圧です．飽和水蒸気圧は気温だけで決まり気温が高いと大きくなります．相対湿度はそのときの水蒸気圧を飽和水蒸気圧で割った値（× 100（％））です．
　水蒸気が凝結すると，凝結の潜熱が放出されて空気塊を暖めます．潜熱の大きさは$2.5 \times 10^6 \mathrm{JK^{-1}kg^{-1}}$（Jはエネルギーの単位，ジュールを表す記号です）という大きな量で空気塊の運動に大きな影響を及ぼします．

(2) 断熱変化と空気塊の気温変化
　地表面との顕熱交換で気温の日変化が起こる大気境界層を除けば放射の射出・吸収による気温変化は小さいので，自由大気では1日程度の空気塊の運動は周囲と熱交換がない断熱変化と仮定できます．
　断熱変化でも運動により空気塊の気温が変化します．気圧が減少すると空気塊の体積が膨張して周囲の空気を押す仕事でエネルギーを消費して気温が下がり，逆に気圧が高くなると圧縮されて空気塊の気温が上昇します．断熱変化では空気塊の気湿変化は鉛直運動により生じます。水蒸気の凝結が無い時の断熱変化を乾燥断熱変化，水蒸気が凝結するときの断熱変化を飽和（湿潤）断熱変化と呼びます．

説明は略しますが，乾燥断熱変化では空気塊の上昇（下降）で 1℃/100m の気温低下（上昇）が起こります．この気温変化を乾燥断熱減率（Γ_d）と呼びます．飽和した空気塊が上昇すると凝結の潜熱が空気塊を暖めるので，飽和断熱減率（Γ_m）は乾燥断熱減率より小さくなります．飽和断熱減率の大きさは水蒸気量により変わり，気温が高いほど小さくなります．

(3) 空気塊の保存量

空気塊が運動しても変化しない量は空気塊の追跡等に利用されます．証明を省略していくつか掲げます．

・温位：空気塊を乾燥断熱変化で 1000hPa まで変位させたときの空気塊の気温を温位と呼びます．温位は乾燥断熱変化では空気塊ごとに不変です．

・相当温位：気圧と気温，混合比で定義される相当温位は乾燥断熱変化でも飽和断熱変化でも空気塊ごとに不変です．相当温位は空気塊の水蒸気を全部凝結させて空気塊を暖め，1000hPa まで変位させたときの気温です．

・混合比：水蒸気の混合比とは空気単位質量を構成する水蒸気と乾燥空気（水蒸気を除いた空気）の質量比です．混合比は水蒸気の凝結が起こらない限り断熱変化でも非断熱変化でも不変です．

(4) 上昇運動の二つのタイプ

水蒸気が凝結して雲ができるためには空気塊の気温を低下させる上昇運動が必要です．一つは温帯低気圧やトラフに伴って広い範囲で起こるゆっくりした上昇流です．本文の温帯低気圧の発生と発達（第 2.4 節）で説明しますが，毎秒数 cm～数十 cm のゆっくりした上昇流です．もうひとつは積乱雲などの対流雲で浮力によって生じる毎秒数 m から数十 m の強い上昇流（アップドラフト）で，次の (5) 以下で説明します．

(5) 大気の静的安定度

積乱雲のような，水平規模が小さくて浮力によって生ずる運動を対流と呼びます．これから対流の発生について説明します．

高さによる大気の気温低下の割合を気温減率（Γ，高度と共に低下する場

合を正とする）と呼びます．大気の成層状態は気温減率の大きさにより，絶対不安定成層，条件付き不安定成層，絶対安定成層の三つに分けられます（参考図1）．図の乾燥断熱線は，乾燥断熱変化の時の空気塊の気温変化を示し，飽和断熱線は空気塊が飽和断熱変化をする時の気温変化をあらわす線です．

ΓがΓ_dより大きいと，乾燥断熱減率Γ_dで上昇した空気塊の気温は周囲の気温より高いので浮力による上昇運動が起こります．この成層を絶対不安定成層（1）と呼びます．地表面から高さ10m～数10mの接地境界層内を除けば大気中では常に$\Gamma < \Gamma_d$とみなすことができます．

気温減率が$\Gamma_d > \Gamma > \Gamma_m$の大気では，飽和断熱変化で上昇する空気塊は浮力が働いて上昇を続けますが，乾燥断熱変化では負の浮力で下降します．この状態を条件付き不安定成層（2）と呼びます．$\Gamma < \Gamma_m$の場合は乾燥断熱変化でも飽和断熱変化でも上昇する空気塊の気温は周囲の気温より低くなるので負の浮力で下降します．この状態を絶対安定成層（3）と呼びます．

鉛直方向の気温減率で空気塊の鉛直運動がおこりやすいかどうかが分かります．これが大気の静的安定度の概念です．たとえば絶対安定成層の大気は，安定な大気とか鉛直安定度がよい（大きい）と言います．

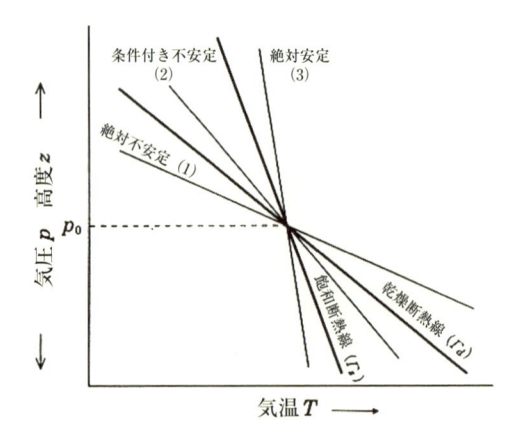

参考図1 大気の静的安定度の分類
細実線は気温分布．大気の成層状態は鉛直気温分布と乾燥断熱線，飽和断熱線により絶対不安定成層（1），条件付き不安定成層（2），絶対安定成層（3）に分けられます．

(6) 条件付不安定成層と積雲対流

大気成層が条件付き不安定成層のときは，積乱雲などの対流が起こる可能性があります（参考図2）．図はエマグラムと呼ばれるチャートの一部です．図の横軸は気温，縦軸は気圧（の対数）です．実線は観測された気温の鉛直分布で状態曲線と呼ばれます．

地表付近の点 p_1 から上昇させられた空気塊は乾燥断熱変化で p_2 に達して飽和します．破線 p_1p_2 は乾燥断熱線です．p_2 を持ち上げ凝結高度と呼びます．高さ p_2 では空気塊の気温は周囲の気温より低いですが，更に上昇させられると破線 p_2p_3 に沿って飽和断熱変化で上昇して周囲の気温と等しい高さ p_3 に達します．p_3 は自由対流高度と呼ばれ，p_3 より上では空気塊は浮力で上昇して空気塊の気温が再び周囲の気温と等しくなる高度 p_4 まで上昇します．これが積乱雲などの対流です．破線 $p_2p_3p_4$ は飽和した空気塊がたどる道筋で飽和断熱線です．

(7) 積雲対流の発生と持ち上げ

上の説明からわかるように条件付不安定な大気で対流が発生するには空気

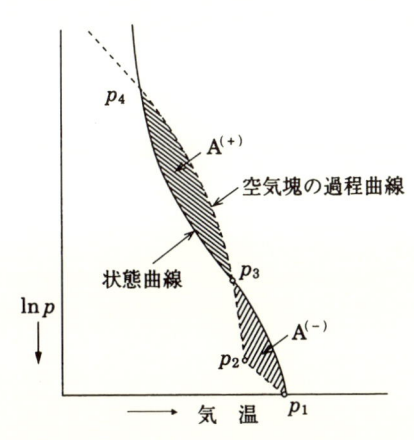

参考図2 条件付き不安定成層の大気で，地表付近の空気塊が持ち上げられて対流が発生する過程を説明する模式図
　　　　実線（状態曲線）は大気の気温分布，破線は空気塊の過程曲線．p_1 から p_2 までは乾燥断熱変化，p_2 から上は飽和断熱変化．p_2 は持ち上げ凝結高度，p_3 は自由対流高度．$A(+)$ は対流有効位置エネルギー，$A(-)$ は対流抑止．

塊を地表付近から自由対流高度まで上昇させる作用（持ち上げ）が必要です．

二つの主要な持ち上げ作用があります．一つは日射です．陸地で日射が強いと参考図2のp_1が右に移動するとともに，乱流混合によって下層から水蒸気が上に運ばれるので境界層上部でp_3の状態になって飽和して対流が発生し得ます．これは暑い夏の日中から夕方に発生するいわゆる熱雷の場合です．もう一つの持ち上げは力学的な上昇流による持ち上げです．例えば寒冷前線が近づく場合の前線に伴う上昇流の効果，山岳斜面での強制的な上昇流等があります．

対流の発生しやすさは気温だけではなく湿度にも関係します．例えば，参考図2で下層の相対湿度が高くなるとp_2とp_3の高度が低くなるので対流が発生しやすくなります．対流は条件付き不安定な成層があるといつも発生するのではなく，強い日射の影響とか力学的な持ち上げなど特定の好都合な条件が満たされたところでだけ発生します．

参考図2には二つの斜線域A（−）とA（＋）が示されています．A（−）は空気塊を自由対流高度まで持ち上げるのに必要なエネルギーに相当し，これが大きいと対流が起こりにくいので対流抑止と呼ばれます．A（＋）は空気塊の気温が周囲の気温より高くて，浮力により生成されるエネルギーを示しています．このエネルギーは対流の激しさの一つの目安になるので対流有効位置エネルギーと呼ばれます．

コラム 6　傾圧大気と順圧大気

1) 傾圧大気と温帯低気圧

　等圧面で気温の水平傾度がある大気を傾圧大気と呼びます．前線，温度風，ジェット気流，傾圧不安定等を説明しましたが，どれも気温の水平傾度が大きいことに関係しています．低気圧が発達する要件として上層のトラフが下層の低気圧の上流側にあることを説明しました．この位置関係も大気の傾圧性に基づいています（コラム 2）．上層と下層の等圧面の場（風の高度変化，トラフやリッジの位置関係等）が気温場を通してつながり，立体的構造を持ちながら変化するのが傾圧大気です．

　低気圧が発達するときは相対的寒気が下降し，相対的暖気が上昇して（有効）位置エネルギーが減少して運動エネルギーに変換されます．有効位置エネルギーは気温の水平傾度があることで蓄えられています．温帯低気圧は大気の傾圧性が無ければ存在しません．

(2) 順圧大気

　図 2.2 の 850hPa では 12℃の等温線の南側には等温線が無く，気温が比較的一様です．図 2.3 の 500hPa でも日本の東の北緯 30 度以南では気温がかなり一様です．等圧面上に等温線が無い大気を順圧大気といいます．

　順圧大気では温度風が存在しませんから，流れは下層から上層まで一様です．

　地球大気は勿論傾圧大気ですが，低緯度は気温の水平傾度が比較的小さくて順圧的です．このような場所では蓄えられている有効位置エネルギーは小さく，傾圧不安定が起こらないので温帯低気圧は発生しません．

コラム 7　低気圧モデル発展の歴史

　ビヤークネスの低気圧モデル（Bモデル，図2.9）が提案されるまでの温帯低気圧モデル発展の歴史を概観します．

（1）嵐は移動する
　クリミヤ戦争で黒海に出撃していたフランスの最新鋭艦アンリ4世号が1854年11月14日暴風雨で沈没しました．事故調査を担当した天文学者ルベリエは集められたデータを解析して嵐が遠くから移動してきたことを明らかにし，暴風予報のための世界的な気象データ交換組織を提案しました．事故調査のために集められたデータをランズバーグが1954年に再解析したのが参考図1です．低気圧の中心の南東側で50ノットを越える強い風が吹いています．

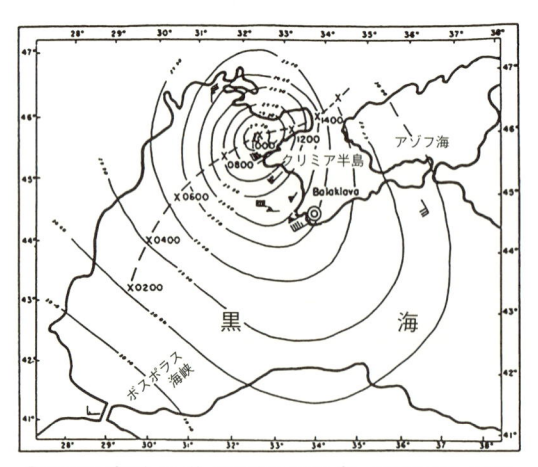

Pressure chart on 14 November 1854 (H. Landsberg, 1954)

参考図1　クリミヤ戦争時にフランスの軍艦アンリ4世号を沈没させた温帯低気圧（1854年11月14日）（ランズバーグ（Landsberg）（1954）の解析）（股野，1994）低気圧中心の南東では50ノットの風が吹いています．

(2) 温帯低気圧は熱帯気団と寒帯気団の境界に発生する

　ダーウィンの世界航海時にビーグル号の船長を務めた気象学者フィッツロイは参考図2の低気圧モデルを提案しました．熱帯気団の気流（破線）と寒帯気団の気流（実線）が異なる方向から移流してきて温帯低気圧に向かって吹き込む状況が見事に表現されています．

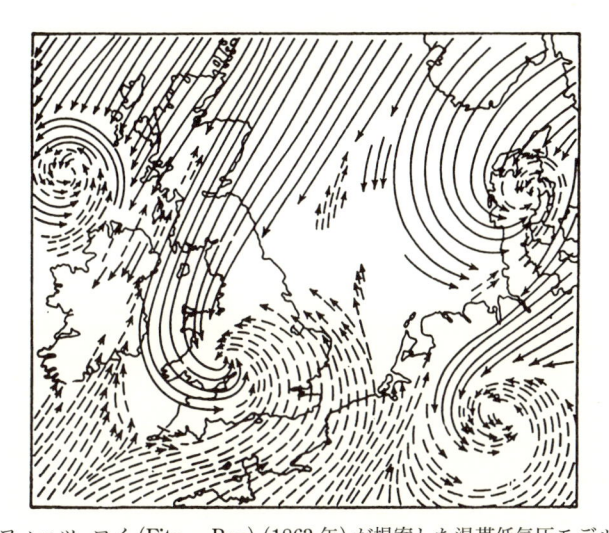

参考図2　フィッツ－ロイ（Fitz － Roy）（1863年）が提案した温帯低気圧モデル（ペッターセン（Petterssen），S,1955）
　　　　　実線は寒気，破線は暖気の流れ．温帯低気圧が暖気と寒気の境界で発生することがよく示されています．

(3) スコールラインの解析

　ドイツの気象学者ケッペンは当時スコールラインと呼ばれていた強い寒冷前線がドイツ中部を通過した時のデータを詳しく解析しています（参考図3）．図の左側は風と等圧線（破線）の解析で斜線域は雷雨を観測した地域です．図の右側は相対湿度の観測値と等温線（破線，2.5K間隔）の解析です．寒冷前線のところで強い気温傾度が解析されています．

(4) 前線を伴う温帯低気圧の概念の芽生え

　参考図4はイギリスの気象学者ショー卿のモデルです．低気圧中心の北

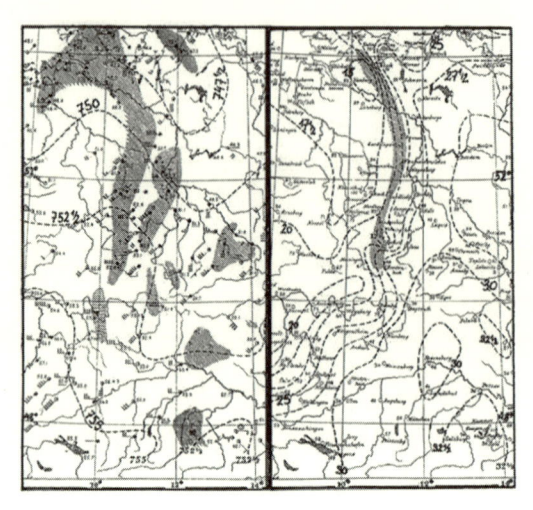

参考図 3 ケッペン（Koppen）（1882 年）によるスコールライン（寒冷前線）の解析（ハンス―フォルカート（HansVolkert），1999
図の左側は風と等圧線（破線），右側は相対湿度と気温の解析（破線，2.5k 毎）．斜線域は雷を観測した地域．気温傾度が大きい寒冷前線に沿って雷雨が観測されています．

東側で東から吹く寒気と南東から移流する暖気が収束しています．また中心の南側では西から移流する寒気と南から移流する暖気が収束しています．気流の収束するところで降雨があることが示されていて，現在の温暖前線と寒冷前線の概念の萌芽がみられます．

ここで紹介したように温帯低気圧に伴う個別の現象はビヤークネスが低気圧モデルを発表する前にほぼすべて明らかにされていました．また理論的にはドイツのマルグレス（Margules）が温帯低気圧発達のエネルギーが，気温の水平傾度として蓄えられた有効位置エネルギーであること（1903）や前線帯の傾斜を表す理論式（1906）を明らかにしていました．

ビヤークネスは多くの個別の発見を総合し，ライフサイクルを含めた概念モデルにまとめました．気象現象には発生，発達，衰弱のライフサイクルがありますから，時間変化の概念モデル化の非常に重要な要素です．また前線と気団の概念を導入して大気の構造を体系的に説明する方法を提示したことも大きな功績です．

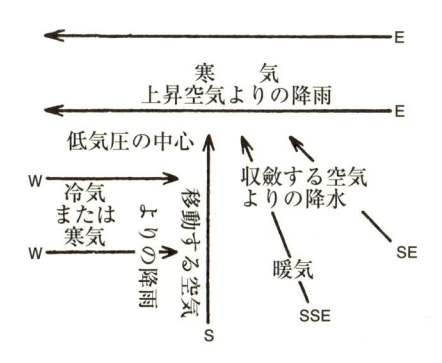

参考図 4　ショウ（Shaw）（1911 年）の温帯低気圧モデル（ペッターセン（Petterssen），S，1955）
　　　　　低気圧中心の北側と東側に寒気と暖気が収束する線状域（現代の前線に対応）があり，そこで降水があることが示されています．

(5) 温帯低気圧についての現代の理解

　低気圧の発達過程と前線の形態変化は天気図解析から得られますからBモデルでも現代でも大局的には同じです．しかし低気圧の発生，前線の形成等に関する理論は大きく変わりました．

　Bモデルでは地上付近の前線面の力学的不安定で低気圧が発生すると考えました（寒帯前線理論，低気圧波動論）．現代では傾圧不安定によるトラフの発生と下層の前線帯との相互作用で発達すると理解されています（2.4節）．

　Bモデルでは気温の水平傾度が大きくて，不連続的な（停滞）前線が存在していて，それが変形して寒冷前線，温暖前線に変わると考えました．現代では前線帯で低気圧が発生すると，低気圧に伴う水平と鉛直の流れにより前線帯の気温傾度が強められ，不連続的な前線が形成されると考えられています（2.4節）．

　Bモデルの時代は低気圧に伴う上昇流を説明する理論がなく，空気は前線を横切れないので前線面に沿って上昇すると説明したことは2章（2.4節）で説明しました．雲と降水については2.6節で検討しました．

コラム 8　渦度と渦管

　本文では温帯低気圧の発達を，中心気圧の低下，風速の増大，強風域の拡大などで説明しました．図 1.4 の低気圧 S や図 1.5 の台風の風は渦巻き状に吹いています．渦度という量を用いると流体の回転の度合いをより定量的，物理的に説明できます．すぐ後で説明するように渦度には絶対渦度と相対渦度があります．ここでは相対渦度を単に渦度と呼んでいます．

(1) 一様な角速度で回転する空気塊の渦度と渦管
　大気が角速度 ω で鉛直軸の回りを反時計回りに回転しているとし，その一つの水平断面を考えます（参考図 1）．流れの円周方向の速さ V は，半径に比例するので，半径 r の点では

$$V = \omega r \quad (C8-1)$$

で表されます．この流れを持つ空気塊の渦度の大きさは

$$\zeta = 2\omega = 2V/r \quad (C8-2)$$

で定義され，どの空気塊も同じ大きさの渦度を持っています．渦度は反時計回りの回転の場合が正と定義されています．

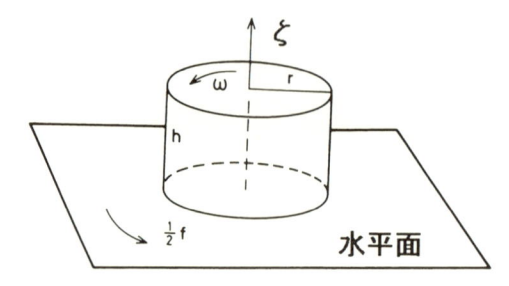

参考図 1　角速度 ω で水平面内を反時計まわりに回転する流れの鉛直渦度 ζ．ζ の向きと大きさが上を向く矢印付きの直線で示されています．f/2 は地球自転による惑星渦度の大きさを示しています．

渦度は速度と同じように方向（向き）と大きさを持つベクトル量です（2章，2.2.1節）．回転の方向にまわる右ねじの進む向きが渦度ベクトルの向きです．式（C8－2）で定義した渦度は渦度の鉛直方向の成分（鉛直渦度）です．但し本書では特に断らない限り鉛直渦度を単に渦度と呼びます．鉛直渦度では正の渦度の向きは上向き，負の渦度の向きは下向きです．参考図1にはζの向きも矢印付きの直線で示されています．図の f/2 は惑星渦度と呼ばれる量です．これについてはこのコラムの（2）絶対渦度のところで説明します．

　時計回りに回転する流れの渦度は負です．従って低気圧は正の渦度，高気圧は負の渦度になります．南半球では低気圧の風は時計回りに吹くので，低（高）気圧は負（正）の渦度になります．但し以後は北半球でだけ考えます．

　参考図1では任意の半径 r の鉛直気柱の側面の各点の渦度は同じ大きさです．このとき半径 r の鉛直気柱を渦管と呼びます．

(2) 風速のシアーがある直線的流れの空気塊の渦度

　目で見て回転が無い直線の流れでも参考図2のように風速のシアーがあると模式的な風車の回転からわかるように渦度があります．図（a）は水平面の流れで，中央が西風の強風軸とすると強風軸の北側は低気圧性回転でζ＞0，南側は高気圧性回転でζ＜0となります．すなわち風の水平方向のシアーは微視的にみると回転しているとみなすことができます．風の東西成分を u，南北成分を v としたとき，渦度 ζ は

$$\zeta = \Delta v / \Delta x - \Delta u / \Delta y \quad (C8-3)$$

で定義されます．この定義式から角速度 ω で回転している流れの渦度を計算するとζ＝2ωとなることが示されます．水平シアーの渦度も目で見て回転している流れの渦度も全く同じものです．

　参考図2（b）から類推できるように，風の鉛直シアーがあると水平渦度があります．参考図2（b）では西風の風速が上ほど増加しています．この時の水平渦度ベクトルは南から北を向いています．

　風速のシアーによる渦度の場合も，側面の空気塊が同じ大きさの渦度を持つ渦管を考えることができます．

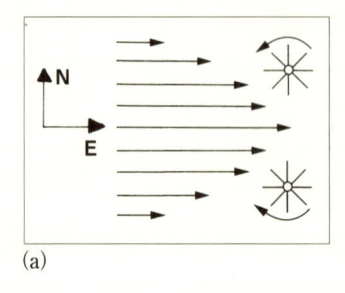

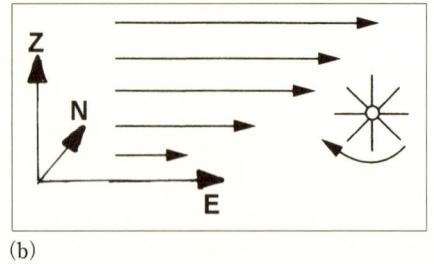

参考図2 風速シアーと渦度
(a) 水平シアーがある流れの鉛直渦度．強風軸の北側に正渦度，南側に負渦度があります．(b) 風の鉛直シアーがある流れの水平渦度．水平渦度ベクトルは南から北に向いていて，この面内では時計回りの回転です．

温帯低気圧のように規模の大きい現象の運動はほぼ水平ですから鉛直渦度で理解できます．しかし第6章で説明する竜巻は規模が小さいので水平渦度も重要な役割を果たします．

(3) 絶対渦度

式（C8−2）や（C8−3）で定義した渦度は地球に相対的な流れ（風）の渦度なので相対渦度と呼ばれます．地球は緯度 ϕ の地点の鉛直軸の回りに $f/2 = \Omega \sin\phi$ の角速度で自転しています（コラム3）．参考図1にはこの角速度も示してあります．すなわち地球は緯度 ϕ の地点で鉛直軸の回りに

$$f = 2\Omega \sin\phi \quad (C8-4)$$

の大きさの渦度を持っています．これはコリオリパラメターと同じ大きさで，惑星渦度と呼ばれます．惑星渦度と相対渦度の和を絶対渦度と呼びます．

相対渦度 ζ を持つ空気塊は慣性系に対して

$$Z = f + \zeta \quad (絶対渦度＝相対渦度＋惑星渦度) \quad (C8-5)$$

の大きさの絶対渦度を持っています．

(4) 温帯低気圧の発達と渦度の変化

空気が水平方向に集まる（収束する）と絶対渦度が増大し，水平方向に広がる（発散する）と絶対渦度が減少します．低気圧では空気が周辺から収束

してきて上昇流が生じていますから，低気圧の発達は絶対渦度の増大を意味します．緯度の違いによる惑星渦度の変化は小さいので，低気圧が発達するときの絶対渦度の増大は殆ど相対渦度の増大としてあらわれます．
この関係を用いて低気圧の発達を定量的に議論することができます．

　参考図3は渦度の概念を用いて温帯低気圧の発達を説明する模式図です．図の＋印は上層の大きな正の渦度を示し，上層のトラフに対応します．黒塗りの矢印は正渦度に伴う低気圧性の流れです．地表付近の等圧面の気温が細実線で示されています．上層の大きな正渦度が下層の傾圧帯に近ずいています（a）．正渦度に伴う低気圧性の流れによる温度移流で上層の正渦度の前方（後方）で暖気の北上（寒気の南下）が起こって温度場が変形し，低気圧が発生（発達）して新たな流れ（白抜き矢印）が引き起こされます（b）．下層の低気圧の流れの強まりは，上層の正渦度に伴う循環を強めます（渦度が増大します）．上層の渦度の強まりは更に下層の循環も強めます．本文の図2.19では天気図を用いて，上層の流れと下層の気温場の相互作用で低気圧が自励的に発達することを説明しました．渦度を用いた参考図3も同じ内容を分かりやすく説明していることが理解されると思います．

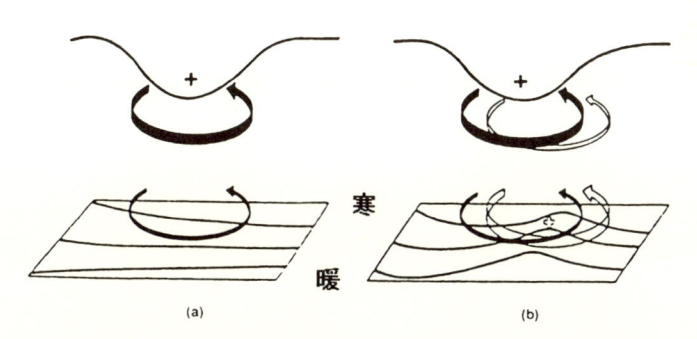

参考図3　上層の正渦度が下層の傾圧帯に近づき，両者の相互作用で温帯低気圧が自励的に発達することを示す模式図（ホスキンス（Hoskins）他（1985））
　　　　　　＋印は上層の大きな正の渦度を示します．黒塗りの矢印は正渦度に伴う低気圧性の流れです．細実線は地表付近の等圧面の気温です．白抜き矢印は上層の正渦に伴う流れによって引き起こされる下層の循環を示しています．

3. 寒冷低気圧

3.1 寒冷低気圧とブロッキング

3.1.1 寒冷低気圧

　温帯低気圧が発達して閉塞すると，地上の低気圧中心の上の対流圏上層で寒冷な低気圧が形成されることを説明しました（図2.5, 図2.19）。一方対流圏上層で偏西風のトラフの振幅が急激に大きくなって，地上低気圧の発達過程なしに上層で気温の低い低気圧が形成されることがあります。どちらも寒冷な低気圧ですが，ここでは後者を寒冷低気圧（寒冷渦）と呼びます。

　図3.1は2009年5月29日9時の500hPa図です。四国の南の北緯30度付近にほぼ円形の低気圧があります。これが日本付近で形成された寒冷低気圧(以後CL1と記します)です。CL1の中心の西側に－12℃の低温域があり，低気圧の北側では－12℃の等温線はおおむね北緯40度付近にあることからも，寒冷低気圧と呼ばれることが納得されるでしょう。図3.2は図3.1と同じ時刻の地上天気図でCL1とほぼ同じ場所に円形の小さい低気圧があります。寒冷低気圧の中心付近では気温が低くて空気密度が大きいので上層で強い低気圧でも下層では低気圧が弱まります。地上低気圧の中心の東に停滞前線が描かれていますが，低気圧から外側に向けて寒気が移動する記号になっています。図3.1, 3.2に見られるように寒冷低気圧は，温帯低気圧と同じか少し大きい空間規模の擾乱です。

3.1.2 ブロッキング

　図3.1ではバイカル湖の東の北緯55度，東経120度付近と北緯50度，東経170度付近にも規模の大きな寒冷低気圧があります。二つの寒冷低気圧の間の沿海州には振幅の大きいリッジがあり，リッジ域では－15℃や

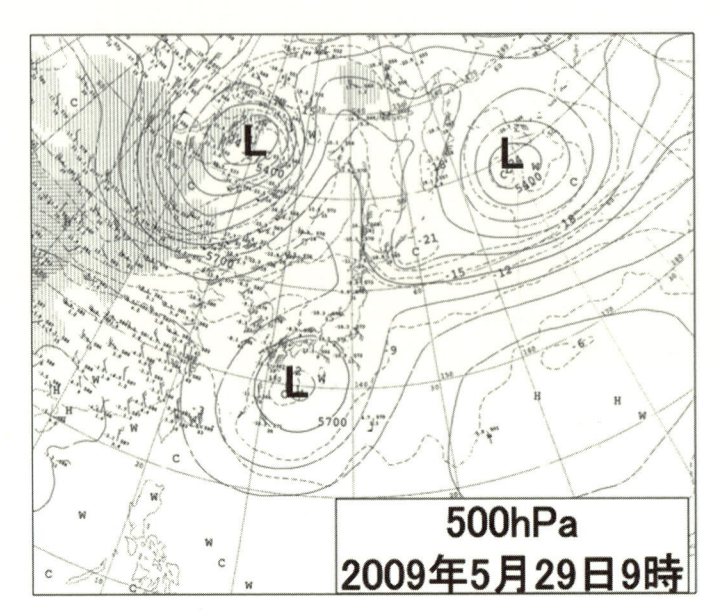

図3.1 2009年5月29日9時の500hPa図（気象庁）
日本付近に三つの寒冷低気圧があり，ブロッキングパターンが形成されています．

−18℃の等温線に見られるように暖かい空気が北まで移動しています．Pジェットの主要な流れは北側の二つの寒冷低気圧の南の縁を回るように流れていますが，日本付近ではCL1の南を回る流れと，沿海州付近のリッジをまわる流れの二つに分流していて，流れの南北成分が顕著で東西成分が小さくなっています．このため擾乱の東への移動速度が小さく停滞傾向となります．CL1はPジェットの主たる流れから切り離されているので切離低気圧とも呼ばれます．

　図3.1に見られる流れの形態をブロッキングパターンと呼びます．寒冷低気圧と沿海州付近の高気圧により東西流が阻止（ブロック）されたパターンという意味です．沿海州のリッジが更に発達するとリッジが南側の偏西風から切り離されて高気圧が形成され，ブロッキング高気圧と呼ばれます．

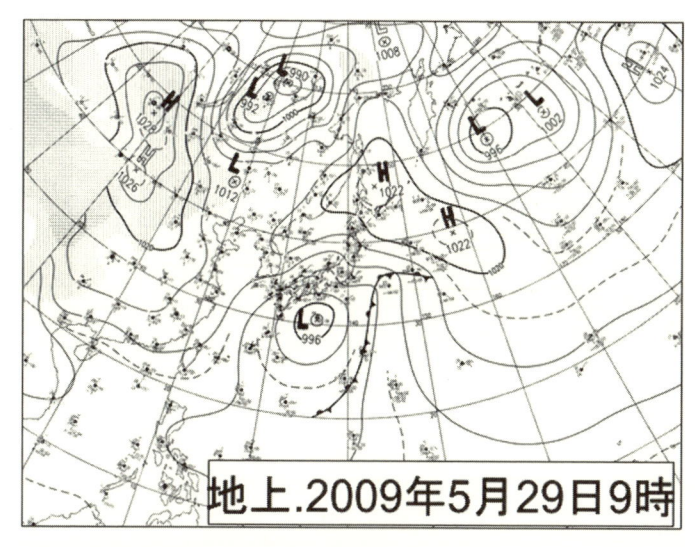

図3.2 2009年5月29日9時の地上天気図（気象庁）
三つの寒冷低気圧の下に前線をもたない低気圧があります．500hPaには強い寒冷低気圧がありますが，地上では弱い低気圧です．

3.2 寒冷低気圧の形成過程

　図3.3に5月27日9時〜30日9時までのCL1付近の5700mの等高線を24時間毎に示します．27日に西日本から南西諸島にかけて振幅の大きいトラフが形成され，28日には更に発達して切離低気圧になり，30日には少し弱まって再びトラフになっています．地上付近の低気圧は発生後すぐに閉塞した形態となり，図3.2では中心付近には既に前線がありません．南北方向の流れが卓越しているので東西方向の移動が遅く，28日から29日にかけてはほとんど停滞し，3日間の平均で時速10km弱の東進です．寒冷低気圧が形成される過程は一つではありませんが最も典型的なのはCL1の例のようにブロッキング高気圧が北側に形成され，その南側に切離低気圧が形成される場合です．

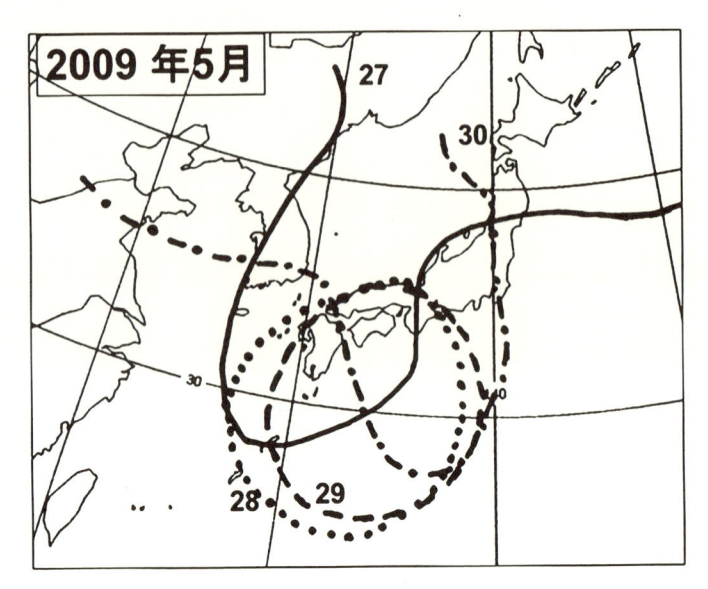

図3.3 図3.1に示されている寒冷低気圧CL1が形成される過程
実線，点線，破線，一点鎖線はそれぞれ5月27日9時，28日9時，29日9時，30日9時の500hPaの5700mの等高線を示します．

3.3 寒冷低気圧の立体構造と天気

3.3.1 寒冷低気圧の立体構造

図3.4はヨーロッパに現われた非常に顕著な寒冷渦の中心を通る鉛直断面内の気温分布です．太実線は対流圏界面で細実線は5℃毎の等温線です．横の直線は等圧面，縦の直線は高層観測地点（地点名省略）の位置です．寒冷低気圧の中心付近では圏界面が対流圏中層まで低下し，その下では周辺に比べて低温になっています．一方垂れ下がった圏界面の上の成層圏では周囲の対流圏に比較して気温が高くなっています．成層圏で下降流が存在して，寒冷低気圧の形成に関与していることが推測されます．500hPa付近で寒冷低気圧になるのはその上の成層圏が暖かくて空気密度が小さいからです．一方寒冷低気圧の下層は気温が低くて空気密度が大きいので，上層に強い低気圧があっても地上では低気圧が弱まります．

3. 寒冷低気圧

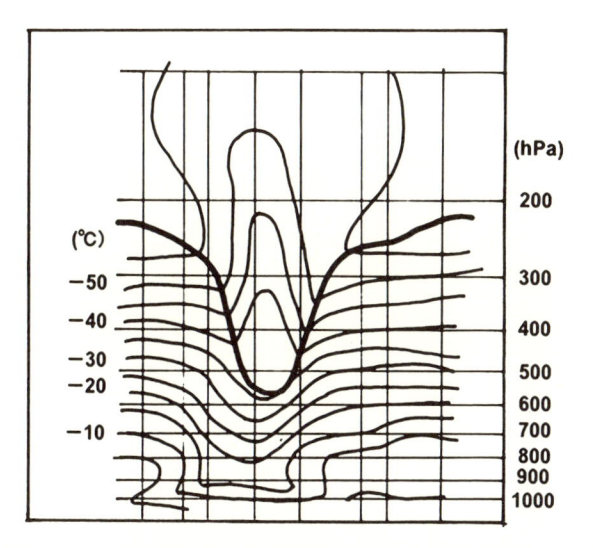

図3.4 寒冷低気圧の中心付近を通る鉛直断面（パルメンとニュートン（Palmen and Newton），1969）
太実線は圏界面，細実線は等温線（5℃毎）．寒冷低気圧の中心付近で圏界面が大きく垂れ下がっています．寒冷低気圧の中心付近の成層圏は周囲より暖かく，対流圏では周囲より低温となっています．

3.3.2 寒冷低気圧と天気

　図3.2では低気圧に伴う寒気と東側の暖気との間に停帯前線が描かれています．寒冷低気圧の東側では下層で暖湿な南よりの風が持続し，雷雨やにわか雨が降りやすく大雨などに対する警戒が必要です．図3.5は29日21時の気象衛星赤外画像です．図3.2の停帯前線付近から東側にかけて広い雲域があり，白く輝く積乱雲の塊も見られます．低気圧の中心付近では雲は少ないですが，白く輝く積乱雲の小さな雲域があります．寒冷低気圧CL1の場合では，27日に北陸地方や甲信地方で雷雨がありました．28日には西日本の太平洋側から伊豆諸島にかけての広い範囲で強風や大雨があり，八丈島では日降水量248mmに達した地点がありました．29日9時の関東地方は曇雨天で気温が低く，30日は関東地方から西日本にかけての広い範囲で雷雨や短時間強雨が発生しました．31日にも関東地方や北日本で降水がありました．

図3.5　2009年5月29日9時の気象衛星赤外画像（APLA出力）
　　　　寒冷低気圧の東側では，下層で暖湿気流が持続的に流入するので，しばしば大雨
　　　　などの激しい気象が起こります．

　このように顕著な寒冷低気圧が発生すると悪天が持続するとともに，しばしば激しい気象が起こります．上層で気温が最も低い低気圧の中心付近よりも，低気圧の東側で降水が広範囲に起こることに注意することが必要です．南よりの風により下層で暖かくて湿った空気が流入する影響です．
　大規模な流れの場の変化が小さいので，ブロッキング高気圧（今回の事例では樺太や北海道方面のリッジ）に覆われる地域では晴天が長く続きます．

4. 台風

　熱帯低気圧，台風，ハリケーン等の用語は1章（1.2.2）で定義しました．ここでは台風と熱帯低気圧，ハリケーンの用語を特に区別せずに用います．
　台風は初夏から秋にかけて年間平均3個が日本に上陸し，大雨，強風，高潮，高波等により多様な気象災害をもたらす現象です．台風の移動，台風に伴う天気，災害等は，このシリーズの「激しい大気現象」で扱われています．ここでは台風の構造や発生，発達の機構を温帯低気圧との違いに着目して説明します．

4.1　台風の発生域と移動

　図4.1に北半球の9月，南半球の3月の平均海面水温と熱帯低気圧の主要な移動経路を示します．図4.1から熱帯低気圧の発生について二つのことが指摘されます．一つは熱帯低気圧は熱帯あるいは亜熱帯の海洋上で発生しま

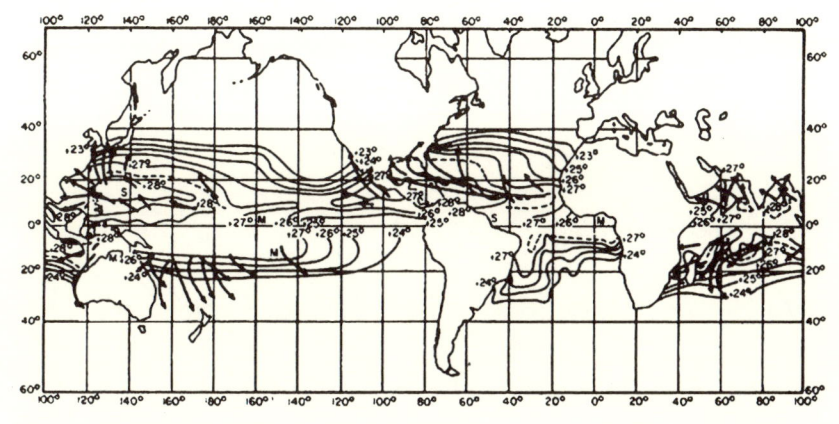

図4.1　北半球の9月，南半球の3月の平均海水面温度（実線，1℃毎）と，熱帯低気圧の主要な移動経路（矢印付き太線）（ベルシェロン（Bergeron,T.），1954）（山岸，2011より転載）

すが,赤道から緯度5度までの範囲内ではほとんど発生していないことです.

2章（2.2.2節）の風の吹き方のところで，コリオリの力が無いと規模の大きな低気圧は存在し得ないことを説明しました．赤道近くではコリオリパラメターが小さいために熱帯低気圧が発生できません．もうひとつは南半球の大西洋およびメキシコ沿岸部を除く東太平洋では熱帯低気圧が発生していないことです．この二つの海域は熱帯低気圧が発生している他の海域に比べて海面水温が低くなっています．熱帯低気圧は一般に平均の海水面温度が26℃〜27℃以上の海域で発生することが統計で示されています．

熱帯低気圧は，大まかには大規模な風に流されて移動します．亜熱帯高気圧より低緯度側にある時は，西あるいは西北西（南半球では西南西）に移動し，亜熱帯高気圧の西端に達するとその縁を廻るように北向き（南半球では南向き）に転向し，偏西風帯に入ると北東（南半球では南東）に移動します.

日本付近では，晩秋から春にかけては低緯度で発生してフィリピン付近を通過して西にすすむ台風が多いですが，夏になると発生域が北上して，太平洋高気圧の回りを廻って北上して日本に近づく台風が多くなります．発生域が北上するのは緯度の高い所でも海面水温が高くなることが影響しています．

4.2 台風の構造

図1.5，1.6の気象衛星画像とレーダー画像で台風の目，目の壁雲，螺旋状のレインバンドなどを説明しました．これらも参考に台風の構造を調べます．

4.2.1 気圧の水平分布

温帯低気圧の最低気圧の記録は910hPa台ですが強い台風の中心気圧は900hPa以下になります．台風は中心気圧が低いだけでなく，気圧分布も温帯低気圧と大きく異なります．図4.2は中心からの距離に対する気圧の分布をモデル的な台風（太実線）と図2.28の急速発達低気圧の場合（実線）とで比較したものです．縦軸は中心気圧からの差（hPa），横軸は中心からの

4. 台風

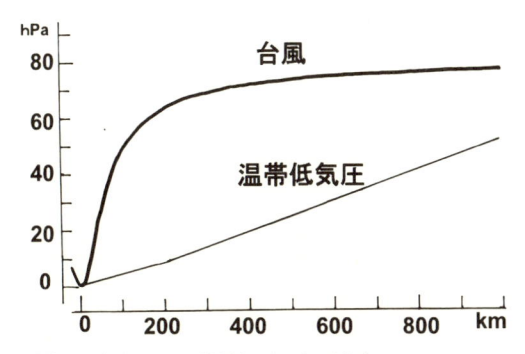

図4.2 台風（太実線）と発達した温帯低気圧の気圧分布
縦軸は中心気圧との差．横軸は中心からの距離．台風の気圧分布は山岸（2004）より転載．

距離（km）です．台風の気圧は中心から100km以内で急速に上昇し，200kmより外側ではあまり変わりません．一方発達した温帯低気圧は中心からの距離1000km程度までほぼ一定の割合で気圧が上昇しています．従って台風は中心から100km以内で猛烈に強い風が吹きますが，それより外側では急に弱まります．一方発達した温帯低気圧の中心付近の最大風速は台風に比較して一般に弱いですが，広い範囲で強い風が吹きます．

4.2.2 地上風の分布

（a）台風の進行方向と風速分布

図4.3は日本に上陸して強風をもたらした三つの台風，室戸台風(1934年)，伊勢湾台風（1959年），台風7010号（1970年）について，各地で観測された最大風速と台風中心からの距離の関係を，台風の進行方向右側（右半円）と左側（左半円）に分けて示しています．モデル的台風の気圧分布（図4.2）から推定したように，最大風速は中心からおよそ100km以内に出現していて，その外側では風が急に弱くなっています．室戸台風，伊勢湾台風では最大風速が毎秒40mを越えています．摩擦の大きい陸上で，最盛期を過ぎた台風で観測された記録であることを考えると，海上に位置するときの発達した台風の最盛期の風の猛烈さ[註]が理解されるでしょう．図4.3では進行方向右側で左側に比較して強い風速が観測されています．これは台風一般にいえる

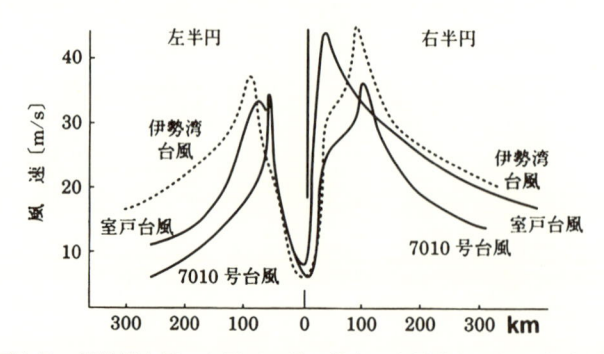

図4.3 室戸台風，伊勢湾台風，台風7010号の場合の台風中心からの水平距離（km）と風速（m/s）（気象庁）
台風の進行方向右側と進行方向左側に分けて示されています．平均的には進行方向右側で左側より強い風が吹きます．

ことで，進行方向右側では台風本来の風（同心円の傾度風と仮定）と台風の移動速度が加わる効果，左側では移動速度が台風本来の風を弱める効果によります（もちろん単純な和や差とはなりません）．

(b) 台風の風と気象

　台風の進行方向右側は風だけでなく，高潮，大雨にも特に注意が必要です．日本では台風は一般に南の方から近づきます．日本の南岸は南に開いた湾が多いので，台風中心の進行方向右側にある湾では南よりの風が湾に向かって吹くので高潮の危険性が大きくなります．

　台風に伴う降雨も地形の影響を強く受けます．進行方向右側の暖湿な風が吹きつける山岳斜面，たとえば四国の南あるいは南東に面した斜面，あるいは紀伊半島の東側斜面は台風によりしばしば多量の降水が降る地域です（8.2節参照）．

　　（註）風速は風速計で観測された値の10分間の平均値です．これに対し3秒間で平均した値を瞬間風速と呼びます．人間を含めて事物が感じるのは，瞬間風速です．建物の被害なども瞬間風速の強さで生じます．瞬間風速は時間的，空間的に大きく変動しますが，統計的には10分間の間の最大瞬間風速は10分間の平均風速の1.5倍〜2.0倍です．防災対応には常に瞬間風速を考慮することが大切です．

4.2.3 台風の立体構造

(a) 温暖核構造

図 4.4 は航空機観測で得られたハリケーンヒルダの中心付近の気温の鉛直分布です．縦軸は高度，横軸は中心からの距離です．気温（℃）は気候値からの偏差で示されています．台風の中心付近で気温が高く対流圏上部（～10km）で偏差が最大で 16℃もあります．中心付近で気温が特に高い所が台風の目です．

温帯低気圧と異なり，熱帯低気圧は高温域や低圧域がほぼ鉛直になっている構造です．

気圧は静力学の関係で気温と結びついていますから，中心付近の気温が地上から対流圏上部まで高いので，中心気圧が低くなります．目のすぐ外側では気温が外側に向けて急激に低下していますから，そこで気圧も急激に大き

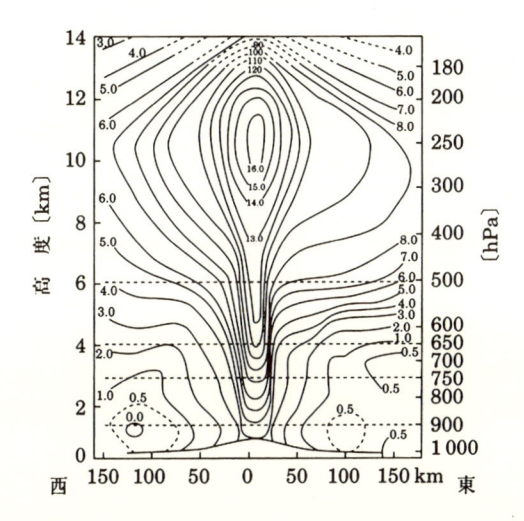

図4.4 ハリケーンヒルダの気温分布（ホーキンス（Hawkins）他，1968）（山岸，2011 より転載）
縦軸は海面からの高さ（km，左側）と気圧（hPa，右側），横軸はハリケーン中心からの水平距離（km）．気温（℃）は気候値からの偏差．中心付近で特に気温が高い部分がハリケーンの目です．気温偏差は対流圏上部で最大です．目のすぐ外側で気温の水平傾度が非常に大きくなっています．

くなります（図4.2参照）．あとで説明しますが，温暖核構造の形成は台風の発達と密接に関係しています．

(b) 風速と雲の分布

図4.5はハリケーンヘレン（中心気圧950hPa）の航空機観測データをもとに作成された理想化された鉛直構造です．右側には気温（破線，5℃毎），水平風速（実線，10m/s毎），単位質量当たりの絶対角運動量（鎖線，5×10^5m^2/s毎）が，左側には相当温位（破線）と模式的雲分布が示されています．絶対角運動量はコラム9で説明してあります．

図4.5をみると台風は風速分布から大きく三つの領域に分かれています（図の右側）．中心付近は風が弱くて周辺に比べて気温が高く，雲が殆ど無い台風の目の領域です．目の外側には風速が外側に向かって急激に増大する遷移領域があります．図の中心に近い両側で太い実線で囲まれた部分が遷移領

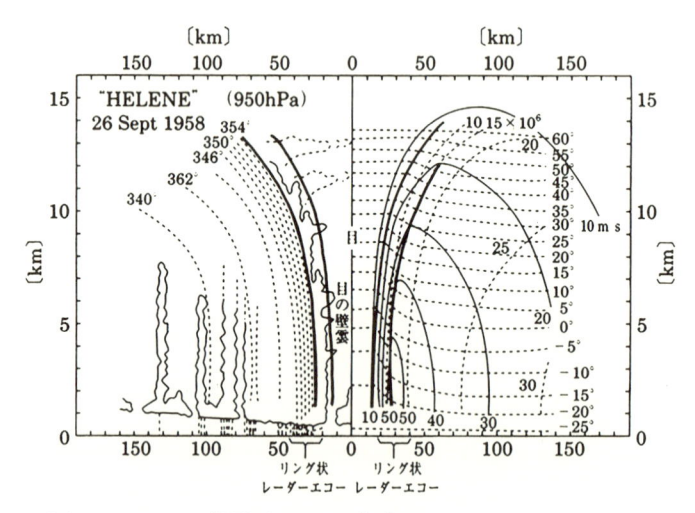

図4.5 ハリケーンヘレンの観測データから作成されたモデル的ハリケーンの鉛直構造（パルメンとニュートン（Palmen and Newton），1969）（山岸，2011より「転載」）縦軸は海面からの高さ(km)，横軸は中心からの距離(km)．右側の破線は気温(5℃毎)，細実線は風速（10m/s毎），一点鎖線は絶対角運動量（5×10^5m^2/s毎）．太実線に囲まれた部分は遷移領域．左側の破線は相当温位（K）．目の壁雲とスパイラルバンドの雲が模式的に示されています．遷移領域では内側から外側に向かって風速が急激に増大し，気温が急激に低下しています．

域でおおよそ目の壁雲の領域に対応しています．

　遷移領域の外側では風速が中心からの距離とともに減少しています．この例では目の縁で 10m/s，遷移領域の外縁 30km 付近で 50m/s に達し，最大風速域の外側では急激に減少して中心から 150km で 20m/s に弱まっています．水平方向の風速分布は図 4.3 に示した台風の場合とよく似ています．最強風速域の風速は大気境界層の少し上で最も強く，上層に向かってゆっくり減少しています．

　この例では目の直径はおよそ 20km で，目の外側の遷移領域で気温が急激に低下しています（図 4.4 も参照）．台風の目は高度とともに次第に外側に広がっています．

　図 4.5 の左側をみるとスパイラルバンドの積乱雲は目の壁雲の積乱雲に比較して高度が低くなっています．後で説明しますが，目の壁雲の中には強いアップドラフト（上昇流）があり，台風を発達させるエンジンの役割をしています．スパイラルバンドを構成する積乱雲と目の壁雲の積乱雲とは生成機構が異なります．

　コラム 5 で説明しましたが，相当温位は空気塊の水蒸気をすべて凝結させて空気塊を温めてから，1000hPa で基準化した気温に相当します．乾燥断熱変化でも湿潤断熱変化でも変化しません．大気境界層より上の遷移領域の外側で相当温位の等値線が次第に外側に傾斜しながら上方に延びています．相当温位が保存するので，この等値線はこの断面に投影した空気塊の運動の流跡線と考えることができます．空気塊が外側に広がることが図 4.4 で気温偏差の等値線が対流圏上部で広がっていることに反映しています．

　図 4.5 の左側をみると，遷移領域の外側で中心に向かって相当温位が急激に増大しています．境界層内で中心に向かう空気塊に海面から水蒸気や熱が供給されるので相当温位が増加します．

　熱帯低気圧の雲はほとんどすべて積乱雲で，雲の中には鉛直方向の強い上昇流があります．この点は準水平の運動が卓越する温帯低気圧と大きな違いです．

4.3 台風の発達

4.3.1 台風と有効位置エネルギー

　温帯低気圧は傾圧性の強い中・高緯度で，水平気温傾度の形で蓄えられている有効位置エネルギーを運動エネルギーに変換して発達します．このとき相対的寒気が下降し相対的暖気が上昇します．低緯度は気温の水平傾度が小さく順圧的ですから，大きな有効位置エネルギーは蓄えられていません．図4.5，4.6で示したように台風では目の壁雲付近の狭い範囲で気温の大きな水平傾度があり，相対的に暖かい目の壁雲の中で上昇流，周辺の相対的に低温の所で下降流があるので，有効位置エネルギーが運動エネルギーに変換されます．しかしこの有効位置エネルギーは環境場に存在していたものではなく，台風が生成したものです．台風は温暖核構造を生成することで自ら有効位置エネルギーを創り出し，それを運動エネルギーに変換して発達します．

4.3.2 温暖核構造の生成

　台風が発生する熱帯，亜熱帯は条件付き不安定な成層になっています．条件付き不安定成層で発達する積乱雲内で上昇する空気塊の気温分布はコラム5参考図2に示しました．大気境界層内で収束してきた空気塊は，目の壁雲を構成する積乱雲内を上昇します．水蒸気の凝結熱の放出で暖められるので，上昇する空気塊の気温は，自由対流高層より上では周囲の大気の気温より高く，周囲の大気を暖めます．すなわち台風の温暖核は積乱雲内で凝結する水蒸気の潜熱によってつくられます．

4.3.3 地表摩擦と強風の生成

　はじめに同心円の弱い低気圧があるとします．大気境界層より上では傾度風が吹きます．傾度風は2章（2.2.4節，図2,12）で説明しました．気圧傾度力とコリオリ力が働き，加速度は中心方向を向いています．大気境界層内では地表摩擦力が働き内側に向く風成分が生じます．地表摩擦と風の関係は

図 2.14 の直線の等圧線の場合を参考にしてください．

　気圧傾度力だけを考えると等圧線を横切って中心方向に移動する空気塊の絶対角運動量が保存します．コラム 9 の式 (C9 − 1) からわかるように，半径 r が小さくなると風速は急激に大きくなります．現実には地表摩擦が働くので絶対角運動量は保存されず，式 (C9 − 1) から計算される値より小さいですが，台風の中心付近で強い風が生成されるのは，地表摩擦の影響で空気塊が中心方向に移動するからです．

　台風の温暖核構造が形成されると静力学の関係から中心気圧が深まり，中心付近で気圧傾度が強くなって風速が強くなります．台風は絶対角運動量の保存から決まる風速が近似的に傾度風の関係を満たすように発達します．質量場（気温場，気圧場）と運動場（風速）が相互に調節されるように変動するのが大気の姿です．

4.3.4　台風の目の形成

　中心方向に移動する空気塊はどこまで到達するでしょうか．空気塊が中心に近づき半径 r が小さくなると角運動量保存則により，半径の減少による風速 v の増加割合がとても大きくなります（コラム 9）．風速の増加（運動エネルギーの増大）は気圧傾度力が空気塊を内向きに引っ張って仕事をすることで生じます（2.4.2 節）．気圧傾度力の大きさには限界がありますから風速の増加割合にも限界があって中心に近い所では，角運動量保存則から決まる風速増加を満たすことができなくなります．そのため空気塊は中心からある距離のところで内側に入れなくなって回転しながら上昇し，その内側に目が形成されます．上昇する気流により目の壁雲の積乱雲が形成されます．積乱雲をつくる持ち上げは摩擦収束による上昇流です．

　はじめに弱い低気圧があると摩擦収束で目の壁雲の積乱雲を生成し，潜熱で大気を温めて温暖核構造を作り，中心気圧が深まると摩擦収束を強めてさらに温暖核構造を強化するという自励的過程で台風が発達します．気圧傾度力が強いと風速が大きくなり，より大きな加速度が生じるので，より小さい目を形成することが可能になります．衛星画像でみて最盛期の強い台風は目が小さくてはっきりしているのはこのことを示しています．

4.3.5 目の形と風速の鉛直分布

(a) 風速の鉛直分布

　大気境界層より上では目の壁雲の中を上昇する空気塊に働く水平方向の力は半径方向に働く気圧傾度力とコリオリ力だけなので空気塊の絶対角運動量が保存します．したがって図 4.5 の右側で絶対角運動量の等値線は左側の相当温位の等値線と同じ形をしています．図 4.5 の風速の鉛直分布は絶対角運動量の分布から計算されています．

(b) 目の形

　図 4.5 では台風の目の領域が高度とともに外側に広がっています．台風の中心付近は地上気圧が低くても気温が高いので層厚が大きく，静力学の関係から高度とともに周辺との気圧差（気圧傾度）が小さくなるので，傾度風の関係（式 2.4）により風速が弱くなります．したがって絶対角運動量を保存して上昇する空気塊は高度とともに風速が弱くなるように回転運動の半径が大きくならなければなりません（コラム 9 の式 (C9-1)）．図 4.5 で相当温位と絶対角運動量の等値線が高度と共に外側に傾いているのはこれを示しています．これが上空での目の拡大です．

(c) 上空の風の吹き出し

　目の壁雲で上昇した空気塊は絶対角運動量を保存しながら上空で次第に外側に移動します．回転運動の半径がある程度大きくなると，式 (C9 − 1) から計算される風速が負すなわち高気圧性回転の風になります．これが台風からの上層の風の吹き出しです．一般に上層で台風中心付近がまだ低気圧のときに，その外側で吹きだしが生じています．

(d) 目の中の下降流

　台風の目の中では下降流があるので乾燥して雲が形成されません．また下降流による昇温で中心気圧が一層低下します．目の中を下降する空気の大部分は目の壁雲のなかを上昇する空気と見られていますが，下降流が生ずる機

構は複雑ですので説明を省略します.

　目の壁雲内を上昇した暖かい（相当温位の高い）空気塊が目の内部を下降するので，凝結熱の直接放出のない目の内部でも高温が生じて，温暖核が形成されます.

4.3.6　台風の発達と海面水温

　図 4.1 で南半球の大西洋および東太平洋では海面水温が低いので熱帯低気圧が発生していないことを指摘しました．台風の発達に及ぼす海面水温の役割を考えます.

　摩擦収束で周辺から台風中心に向かう空気塊は気圧低下で断熱膨張しますが海面からの熱補給で気温は低下しません．海面からは水蒸気も蒸発するので，空気塊は海面水温に応じた高温多湿の状態で中心付近に達します．台風の中心付近の気圧が周辺（およそ 1000hPa）より 50hPa（高度およそ 500m に相当）下がって 950hPa になったとします．気圧が低下しても海面付近の空気塊の気温は低下しませんから，高度 500m の山の上で地上と同じ程度の高温の状態になることと同等です．従ってますます強い積乱雲が発達しやすくなります．これは海面が空気を暖めるからで海面水温が高いほど効果が大きくなり強い台風が発達できます．海面からの顕熱と水蒸気（潜熱）の補給は風が強いほど大きくなりますから，この作用も自励的です[註]．台風は自ら有効位置エネルギーを作り出して発達するという点で温帯低気圧とは全く異なる発達機構です.

　図 4.5 の左側では目の壁雲付近で内側に向かって相当温位が急激に増加しています．気圧の急激な低下で海面からの顕熱と水蒸気の補給が急に大きくなっていることを示しています.

　　（註）水平スケール数 km の積乱雲の集合と水平規模 1000km の擾乱が相互作用して，台風を発達させて維持している機構は第 2 種条件付き不安定（CISK，シスク）と呼ばれています．個々の積乱雲の発達は第 1 種条件付き不安定と呼ばれます.

4.4 台風の降雨帯

　台風の目の壁雲もスパイラルバンドの雲も積乱雲の集まりです．しかし生成要因は異なっています．2章(2.2節)で地表摩擦によって低気圧域で収束して生じる上昇流は渦度の大きさに比例することを説明しました．図4.5を見ると，遷移領域の外側から内側に向かって風速が急激に弱まっていて大きな正の相対渦度があり，目の壁雲の上昇流が摩擦収束で生じることに対応しています．一方最大風速の外側では風速が外側に向かって減少していますから水平シアーは高気圧性で負の渦度です．しかし低気圧性回転で正の渦度があります．二つを合わせると通常弱い負の渦度か渦度0です．この領域では地表摩擦ではむしろ弱い下降流になるので，スパイラルバンドの積乱雲の持ち上げは摩擦収束ではありません．

　積乱雲から生じて広がる冷たいダウンドラフトと台風の循環の下層風との相互作用で新しい積乱雲が発生し，発達した積乱雲は鉛直方向の平均的な風に流されて移動します．この兼ね合いでらせん状の形態が形成されると考えられますが詳しい機構はまだよくわかっていません．

4.5 台風周辺の流跡線

　図4.6は数値予報モデルで台風の発達を予測し，空気塊の動きを192時間追跡した結果です．これまで説明してきた特徴が良く表現されています[註]．図2.21と比較すると温帯低気圧との違いがよくわかります．台風ではかなり一様な性質の空気が地上付近で周辺から中心に収束してきて，目の周りを回転しながら上昇し，上層で周辺に吹き出します．下層の収束，上層の発散，下層と上層の流れをつなぐほぼ鉛直の上昇流域という単純な形態で，ほぼ円対称的な構造が本質です．

　　(註) 鉛直方向に3層しかない解像度の粗いモデルなので詳しい議論はできませんが，ここでは温帯低気圧との本質的な違いに着目します．

4. 台風

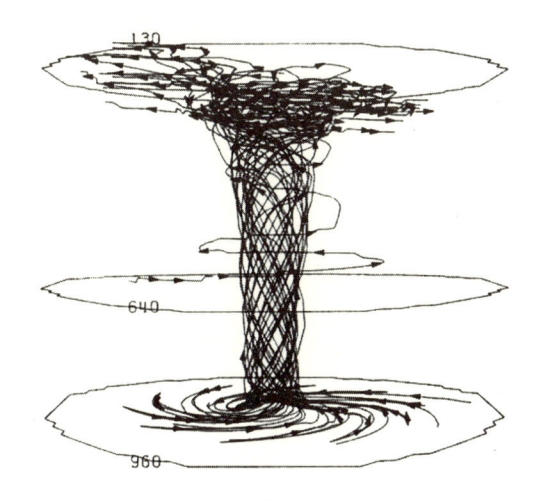

図4.6 数値予報モデルから計算された熱帯低気圧周辺の流跡線（アンセス（Anthes），1972）
モデルの積分時間90時間〜282時間までの192時間の流跡線で，矢印は9時間毎に示されています．960，640等の数字は気圧（hPa）を示しています．

　温帯低気圧では下層と上層で流れの方向がことなり，上昇する暖気と下降する寒気が非対称に分布し，上昇流も下降流も準水平的に運動するのが本質です．台風も温帯低気圧も大気中の大きな渦巻きですが，成因も構造も全く異なることが図 2.21 と図 4.6 の比較からわかります．なおこれらの図をみるときは鉛直方向が水平方向に対して 100 倍〜数 100 倍程度拡大されていることに注意してください．

コラム 9 角運動量

(1) 角運動量保存則

質量 m の物体が半径 r，速さ v で円運動をしているとき rmv（以後単位質量として rv）を物体の角運動量といいます．半径方向（内向きあるいは外向き）にだけ力が働いて半径 r が変化すると，角運動量（rv）が一定となるように v の大きさが変わります．これを角運動量保存則といいます．半径が小さくなると円運動の速さが大きくなります．錘をつけて回転させている紐を短くすると回転の速さが速くなるのは角運動量保存則の表われです．

(2) 絶対角運動量保存則

地球は地軸の周りに角速度 Ω で自転しているので，緯度 ϕ の地点の鉛直軸の周りの自転角速度は $\Omega \sin\phi$（$= f/2$，$f = 2\Omega \sin\phi$）です（コラム3参考図3）．

緯度 ϕ の地点 O で鉛直軸の周りに速さ v，半径 r で円運動をしている物体を考えます．地点 O の鉛直軸の周りの地球の自転角速度は $f/2$ ですから，半径 r の点は慣性系に対して $rf/2$ の速さで円運動をしていて，角速度は $r(rf/2) = fr^2/2$ です．地点 O のまわりに速さ V で運動している物体は，慣性系に対して地球に相対的な運動の角運動量 rv と地球自転による角運動量 $fr^2/2$ の和の角運動量を持っています．これを絶対角運動量といいます．

$$M = fr^2/2 + rv \qquad (C9-1)$$

角運動量保存則は，地球上では絶対角運動量保存則になります．

$$M = 一定 \qquad (C9-2)$$

コラム 10　台風の中心気圧はどうして決める？

（1）偵察航空機観測

　温帯低気圧内の気圧傾度は比較的小さい（図 4.2）ので，天気図を描いて周囲の少数の観測値から中心気圧を推定しても大きな誤差は生じません．しかし台風は中心付近の狭い範囲で気圧が急激に変わる（図 4.2）ので，周辺の観測値からの推定は誤差が大きくなります．以前は米国の台風偵察機がドロップゾンデ（上空へ飛揚する通常の気球と反対に上空から落下させる気球なのでドロップゾンデと呼ばれます）で台風中心の気温と気圧を測定していました．しかし今は実施されていませんので，中心気圧の直接測定はありません．

（2）気象衛星画像の利用

　過去のドロップゾンデ観測記録と，気象衛星観測による雲画像の特徴との比較の統計から台風の強さ（最大風速，中心気圧）を推定しています．気象衛星で観測された雲の移動の追跡から推定した風の分布，衛星観測から推定した海面の波浪から計算した風の分布なども重要な資料です．ドップラーレーダーやウインドプロファイラーによる風の観測は重要な手段ですが，陸地の近くでないと利用できません．

5. 寒気内低気圧

5.1 突風と高波をもたらす寒気内低気圧

　寒気内低気圧は大きさが数10kmから数100kmの規模の小さい低気圧で冬季に強い寒気が暖かい海面に吹き出す場所で時々発生します．一般に強風と強い降水を伴いますが，陸地に上陸するとすぐに衰弱するので寿命が短く，降水（降雪）の積算量はあまり多くなりません．しばしば強風と高波による災害をもたらします．

　1章（図1.7）の事例に類似したもう一つの例を示します．図5.1は1986年12月28日9時の地上天気図です．中国地方の日本海沿岸にある1008hPaの低気圧が寒気内低気圧です．図5.1では日本の東海上に前線を伴う温帯低気圧があり，中国地方の日本海側に寒気内低気圧があって，気圧配置は図1.7とよく似ています．図5.2は28日12時のレーダーエコー合成画像です．台風のスパイラルバンドに類似した固まりが三つ（記号A，B，C）

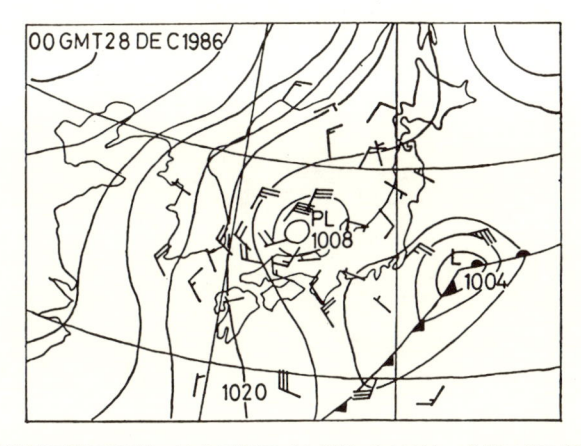

図5.1　1986年12月28日9時の地上天気図（山岸他（1992））．実線は等圧線（4hPa毎）

あります．塊Bの中心が兵庫県北部に接近した28日13時半頃，山陰線の餘部鉄橋で強い突風の影響で列車が脱線転覆しました．この事例では鳥取空港出張所で33.6m/sの最大瞬間風速を記録しています．

寒気内低気圧は規模が小さいので急に強い風が吹きだすのが特徴です．また図1.7と図5.1に共通していますが，寒気内低気圧の前面では気圧傾度が小さく，後面で急に気圧傾度が大きくなっていて強い風が吹きます．更に低気圧後面では等圧線の走行が直線的で同じ方向の風の吹走距離が長いので波も高くなります．

古い事例では，1971年1月4日から5日にかけて中国地方日本海側の各地で寒気内低気圧の強風と高波で漁船や港湾施設が大きな被害を受けました．このときは松江地方気象台で34.0m/sの最大瞬間風速を観測しています．この事例は日本で寒気内低気圧が詳しく調べられた初めてのケースです．

これまでの観測から推定すると日本海の寒気内低気圧に伴う最大瞬間風速は35m/s〜40m/s，最大風速は25m/s〜30m/sと見られます．

寒気内低気圧は大西洋北部，ノルウェー海や北海でも冬季にしばしば発生します．いずれも強い寒気が暖かい海面に吹き出す場所です．北海油田の石油掘削リグが寒気内低気圧に伴う強風と高波で大きな被害を受けています．

図5.3はノルウェー海北部のノルウェー沿岸に発生した寒気内低気圧の気

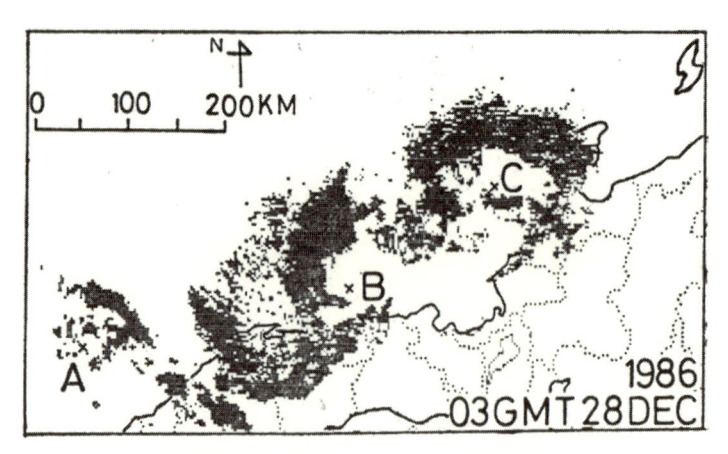

図5.2 1986年12月28日12時のレーダー合成図．三つの渦状の塊A，B，Cがみられる（山岸他，1992）

5. 寒気内低気圧

図5.3 ノルウエー海で発生した寒気内低気圧の気象衛星赤外画像．1987年2月27日（ラスムッセン（Rasmussen），2003）

象衛星赤外画像です（日本時間，1987年2月27日13時）．この例の雲画像は中心に明瞭な雲の無い円形域（以後目と略称）があって，台風に極めてよく類似しています．

5.2 寒気内低気圧の構造と発達の仕組み

寒気内低気圧の構造は，まだ十分知られていません．海上で発生する規模の小さな擾乱で，陸地に上陸するとすぐ消滅するので寿命が短く，低気圧周辺の風，気温，気圧，水蒸気量などの気象要素の観測データが不足している

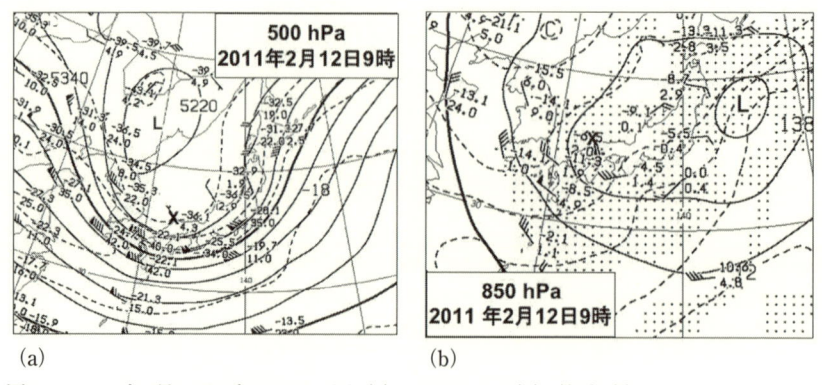

図5.4 2011年2月12日9時の500hpa図 (a)，850hPa図 (b) （気象庁）
実線は等高線（60m毎），破線は等温線（6℃毎）．×印は地上の寒気内低気圧中心．

からです．

5.2.1 寒気内低気圧の環境場

図 5.4 は図 1.7 に対応する 2011 年 2 月 12 日 9 時の 500hPa（図 (a)）と 850hPa（図 (b)）図です．図 5.4 (a) をみると日本海全体が 500hPa の大きな気圧の谷の中にあります．地上の寒気内低気圧の中心（×印）は気圧の谷軸のほぼ真下に位置していて，寒帯前線ジェット気流の寒気側で水平気温傾度が殆ど無い場所です．図 5.4 (b) の 850hPa でみても地上の低気圧中心は前線帯の寒気側で水平気温傾度が相対的に小さい場所にあります．寒気内低気圧は 500hPa でも 850hPa でも高度場では描かれていませんが，地上から上層まで大きな低圧部に囲まれた領域にあります．図 5.1 に示した事例の環境場も図 1.7，図 5.4 の例と類似していて，日本海西部で発達する寒気内低気圧の特徴です．

これまでに説明した温帯低気圧，寒冷低気圧と比較して寒気内低気圧の特徴を確認します．温帯低気圧が閉塞した時（図 2.5 (c) と (e)）も寒冷低気圧（図 3.1 と 3.2）の場合も 500hPa の寒冷な低気圧（トラフ）の下に地上の低気圧があるという点は寒気内低気圧に類似しています．但し温帯低気圧が閉塞した場合や寒冷低気圧の場合は 500hPa の寒冷な低気圧（トラフ）の下にあるのは温帯低気圧です．一方図 1.7 と図 5.4 (a) の寒気内低気圧の

5. 寒気内低気圧

場合は，500hpaのトラフに対応する発達中の温帯低気圧が日本の東海上にあり，これとは別に寒気内低気圧が500hPaのトラフの下にあるという点で閉塞した低気圧や寒冷低気圧の場合とは異なります．

5.2.2 寒気内低気圧の構造

初めに説明したように詳しい構造はわかっていませんが，これまでの調査結果から次のようにまとめられます．

（a）鉛直構造

寒気内低気圧の高さは高々700hPa程度で，低気圧の軸は鉛直です．気圧の谷の軸が高度ともに上流側（西側）に傾斜する温帯低気圧とは異なり，台風に似ています．

図5.4（b）をみると寒気内低気圧の中心に近い松江では850hPaの気温が輪島，福岡に比較して2.5℃～5.5℃高くなっています．水蒸気の凝結による加熱及び水平移流の影響とみられます．寒気吹き出し時の日本海ですから積雲対流が発生しています．但し台風の場合のような，中心を囲む明瞭な温暖核構造はこれまでの解析では確認されていません．

（b）地上気圧分布

図1.7ではとても小さい寒気内低気圧が描かれています．寒気内低気圧は日本の東にある低気圧から延びる大きな低気圧域の中にあります．図5.1の寒気内低気圧はおよそ400kmの大きさですが，更に広い低圧部の中に存在しているという点では図1.7の場合と似ています．これまでの調査では，大きさ100km程度でスパイラルバンド状の降雨帯を伴うメソβスケール[註]の低気圧が，さらに大きなメソαスケールの低気圧あるいは低圧部の中に存在するという構造になっていることが多いようです．

> （註）ここでは水平スケール100km程度の低気圧をメソβスケール，数100kmから1000km程度の大きな低気圧あるいは低圧部をメソαスケールと呼ぶ．

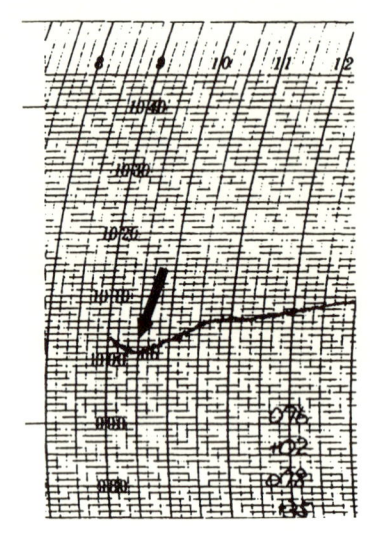

図5.5 西郷測候所の気圧自記記録（1986年12月28日（気象庁）
図の上側の数字は時刻を示します．矢印は気圧の極小を示しています．

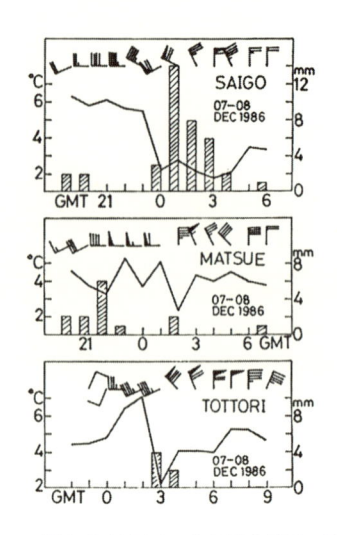

図5.6 寒気内低気圧に伴う線状構造通過時の風，気温（実線），前1時間降水量（柱状グラフ）（山岸他，1992）
横軸は12月27日〜28日の時刻（世界標準時＝日本時間−9時間），縦軸は左側が気温（℃），右側が降水量（mm）．上から西郷測候所，松江地方気象台，鳥取地方気象台．風速はアメダス風表示（図1.6の図説参照）

　図5.2のレーダーエコーの塊Bの中心が島根県隠岐の島の近くを通過しました．図5.5はその時の西郷測候所の気圧の時間変化です．28日9時30分頃に気圧の極小値（矢印）が記録され，1時間で5hPa程度の気圧変化が見られます．塊Bは時速35km程度で移動していましたので，大きさ100km程度の小さな低気圧がレーダーエコーの塊Bとともに移動したとみられます．

（c）前線に類似した線状の構造

　寒気内低気圧はしばしば気温や風が急激に変化する前線に類似した線状構造を伴うことが報告されています．図5.1の事例でも，地上気温の低下，風向と風速の変化を伴う線状域が移動しています．図5.6は寒気内低気圧に伴う線状構造が通過した27日から28日にかけての西郷測候所，松江地方気象台，鳥取地方気象台での1時間毎の風，気温，降水量を示しています．寒冷前線に類似した気温低下，西寄りの風向から北寄りの風向への変化，降水増加がほぼ同時に起こっています．

　しかし，レーダーエコーの追跡から推定された高さ1km付近の風はほぼ同心円状に回転しているので，前線に類似した線状構造は地表面近くに限られていたと推定されます．

5.2.3　雲と降水の形態

　渦状の雲画像（図1.8 (a)），台風に類似した雲画像（図5.3）を示しましたが，温帯低気圧に類似した雲画像を持つ寒気内低気圧もあります．以下に紹介する柳瀬（2010）の数値実験によれば環境場の傾圧性の強弱により寒気内低気圧の発達過程と構造，雲域や降水帯の形態が異なります．

　順圧大気では北緯70度でも，台風に類似して中心付近に雲の無い目とその周りの強風域を持ち，中心に巻き込むような帯状雲とスパイラルバンドに類似した降水帯を持つ低気圧が発達します．順圧大気ですから有効位置エネルギーは凝結の潜熱で生成され，地表摩擦による収束で目と強風域の構造が形成されます．傾圧性が強いと温帯低気圧に類似して，環境場の有効位置エネルギーを擾乱の運動エネルギーに変換する寒気内低気圧が発達します．この低気圧の雲パターンは温帯低気圧に類似したコンマ状の雲域となります．しかし，中心付近では湿潤（熱）効果により，鉛直に伸びる低気圧が見られます．

5.3 寒気内低気圧は台風的か温帯低気圧的か

　上で紹介した数値実験では環境場の違いにより台風的な寒気内低気も温帯低気圧的な寒気内低気も発生しています．日本海西部の寒気内低気圧はどちらの性質が強いでしょうか．

　順圧的な環境場では，暖かい海面上に寒気が吹き出して海面から多量の顕熱補給がある条件のもとで，高緯度でも台風の発達と同じような機構で台風に類似な低気圧が発達するという数値実験結果は，日本海西部の寒気内低気圧の考察に大きな示唆を与えます．

　日本海西部で発達するメソβスケールの低気圧は，強風域の範囲が狭いこと，台風に類似な雲画像や降雨帯がみられること，海上でのみ発達し陸地に上陸すると急速に衰えること，強い寒気が暖かい海面に吹き出して海面から多量の顕熱が供給されて対流活動が活発なときに発達すること，大きな気圧の谷の中で順圧的な場で発達することなどから，熱（湿潤）過程が本質的で台風と類似な構造と発達過程を持つと推測されます．台風のように強い低気圧にならないのは，冬の日本海では背の高い積乱雲が発達する環境場ではないことが大きく影響すると推測されます．

　いずれにしても，冬の中・高緯度で熱帯あるいは亜熱帯地方と類似な現象が発生するのは自然の奥深さを示していて興味深いものがあります．

6. 竜巻

　竜巻の構造や竜巻による災害等は，このシリーズの「激しい大気現象」で詳しく説明されます．ここでは，他の低気圧と比較して，その特徴や成因の違いを簡単に説明します．

　竜巻を目撃したことが無い人でも，新聞などで積乱雲の雲底から垂れさがる漏斗雲の写真をみたことがあるでしょう（たとえば図1.9）．これが竜巻です．竜巻は積乱雲や積雲（以下積乱雲とする）によってつくられ，積乱雲とともに移動しますが，平均的な寿命は数分〜10分程度です．平均的な移動速度は10m/s程度ですから移動距離は数km程度です．竜巻は台風や寒冷前線に伴ってしばしば発生します．日本で発生数が最も多いのは9月ですが，日本海側では1月にも多く発生しています．

　日本では竜巻による死者は平均年1人程度で，台風や集中豪雨に比較すると防災上の重要度は低いといえます．しかし2006年11月7日の北海道佐呂間町の竜巻では死者8名の大きな被害が出ています．

6.1 竜巻の構造

　竜巻は鉛直軸のまわりを同心円状に激しく回転している直径100m程度の小さい渦です．渦には強い上昇流があるので地面付近の空気が上に運ばれ，水蒸気が凝結したのが漏斗雲です．竜巻は激しい風（激），小さい水平スケール（小），短い寿命（短）という特性を持っています．

6.1.1 竜巻の強さ

　竜巻はとても小さくて寿命が短いので，竜巻の風を測器で直接測定することはほとんど不可能です．また，竜巻の風は固定された場所では瞬間的に吹き抜けますから，風速を10分間平均で議論できないことも明らかです．最

表6.1 Fスケール（藤田　哲也, 1973）. 竜巻の風の強さと被害の目安.

Fスケール	風速(m/s)	被害程度	被害の目安
F0	17〜32 (約15秒間の平均)	軽微	テレビアンテナが倒れる。 小枝が折れる。
F1	33〜49 (約10秒間の平均)	中程度	屋根瓦が飛ぶ。ガラス窓が割れる。 木の幹が折れる。
F2	50〜69 (約7秒間の平均)	かなり強い	弱い建物が倒壊する。 大木が倒れる。列車が脱線する。
F3	70〜92 (約5秒間の平均)	激しい	森林で倒木が起こる。 住家が倒壊する。列車が転覆する。
F4	93〜116 (約4秒間の平均)	壊滅的	住家がばらばらになる。 鉄骨家屋が倒壊する。
F5	117〜142 (約3秒間の平均)	信じがたいほど	住家は跡かたもなく飛散する。 車両、建物等が遠くに移動する。

近はドップラーレーダーで，竜巻の風を測定する^(註)機会も増えてきましたが，被害の大きさから風の強さを推定するFスケール（藤田，1973）がしばしば用いられます．Fスケールは弱い方から順にF0からF5までの6段階に分類されています（表6.1）．表には被害の目安の概略も示してあります．日本で発生した竜巻で最も強いのはF3です（例えば，1990年12月千葉県茂原市，1999年9月愛知県豊橋市，2006年11月北海道佐呂間町）．表6.1に示すようにF3竜巻の最大風速は約5秒間の平均で70m/s〜92m/sとされています．

　　(註) 一台のドップラーレーダーは，電波の進行方向の風速成分だけを測定できます．ドップラーレーダーで風をきちんと測定するには，二つのドップラーレーダーによる同時観測が必要です．

6.1.2　竜巻の風速分布と気圧分布

(a) 風速分布

竜巻はとても小さい渦（低気圧）なのでコリオリの力は無視できます．風と気圧の関係は旋衡風で近似できるので，風が時計回りに吹く竜巻も反時計回りに吹く竜巻も存在できます．被害状況から風速分布を推定した統計によれば日本では90%近くの竜巻は反時計回りの回転です．環境場の影響で反時計回りに吹く竜巻が多くなると考えられています．ここでは竜巻の風は常に反時計回りに吹くとして話を進めます．

6. 竜巻

竜巻の風は角速度ωで同心円状に回転している流れで近似されます．理論的に扱うときは，中心から半径 r のところまでは風速は距離に比例して増加し，r より外側では距離に反比例して減少する分布を仮定します（ランキン渦）．図 6.1 に F3 竜巻を想定した風速分布を示します．図は半径 100m のところで最大風速 80m/s の場合です．竜巻の風速分布は台風の風速分布(図4.3)に類似しています．但し台風の場合は中心から数 10km のところで最大風速に達しますが，竜巻では中心からわずか 50m～100m で最大風速になります．

竜巻の進行方向の右側では風速は回転の風と移動速度の和となり，進行方向の左側では回転の風と移動速度の差となります．台風の場合と同様に，移動方向右側で左側よりも強い風が吹きます．

(b) 気圧分布

風速が最大になる半径 r での風速を与えて中心の気圧を計算してみます．強さ F3 の竜巻として，中心から 100m のところで最大風速が 80m/s として旋衡風の関係（2 章（2.2.4））から計算すると，中心と距離 100m の地点での気圧差として 80hPa が得られます．風速と同様に気圧も，台風に比べて小さな距離で大きな差があります．

地面付近では地表面摩擦のため気圧分布から計算される風速よりも弱くなり，内側に向かう吹きこみが生じて，中心付近で強い上昇流となります．気

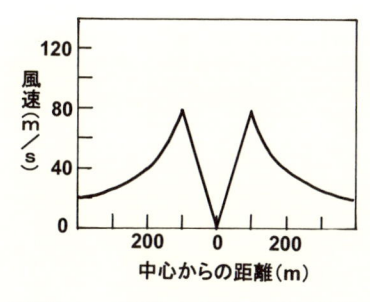

図6.1 竜巻の中心からの距離（m，横軸）と風速（m/s，縦軸）．ランキン渦を仮定して，F3竜巻（最大風速80m/s）で最大風速が中心から距離100mにあると仮定されています．

圧の低い所に吹きこんで上昇するので，断熱膨張で気温が低下して飽和し，雲（漏斗雲）が発生します．

6.2 竜巻の強風はどのように生成されるか

　竜巻の強い風と強い気圧傾度はどのような機構で形成されるのでしょうか．竜巻と同じように円形の構造で水平規模が大きい台風では地表摩擦の影響で空気塊が低気圧の内側に向かい，角運動量保存則により風速が増大します．角運動量保存則についてはコラム9を参照してください．中心付近では目の壁雲内の凝結の潜熱で温暖核構造が形成され，静力学の関係から地上気圧が低くなります（4章，4.3節）．

　竜巻は規模が小さく，短時間の現象なので摩擦収束とは別に，急速に水平収束を引き起こす機構が必要です．それを渦度の概念で検討します．角速度 ω で水平に回転しているときの鉛直渦度は $\zeta = 2\omega$ です．渦度 ζ の渦管を考えます（コラム8）．何かの力が働いて渦管を鉛直に伸ばすと半径が小さくなる（水平収束）ので渦度も角運動量も増大し風速が強くなります（図6.2）．

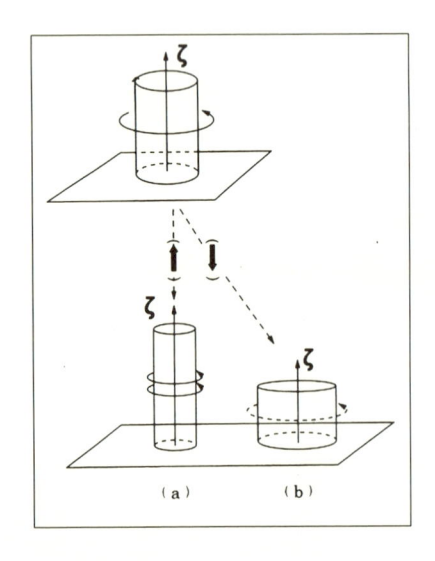

図6.2 渦管の引き伸ばしによる鉛直渦度の増大（a）と押し縮みによる鉛直渦度の減少（b）．鉛直渦度の増大（減少）により風速の回転成分が増大（減少）します．

風速が強くなると旋衡風の関係から中心の気圧も低下します．竜巻の気圧低下は暖気の存在で静力学的に生じるのではなく，回転する風速が強くなる力学的効果で生じています[註]．渦管を急速に鉛直方向に引き伸ばす作用が竜巻を発生させます．

> （註）水を入れたバケツを回転させると，中心部の水位が低くなって低気圧になることから類推してください．速く回転させるほど中心部の水位は低くなります．

6.3 竜巻の発生機構

竜巻の強風の生成の仕組みのところで説明したように，竜巻の発生には元になる渦と渦管を引き伸ばす作用の二つが必要です．スーパーセル竜巻と非スーパーセル竜巻の二つの発生機構があると考えられています．但し発生の機構はとても入り組んでいてまだ十分には解明されていませんので，極く概略の筋道だけを説明します．

6.3.1 非スーパーセル竜巻

局地的な前線で発生する渦が引き伸ばされて発生する竜巻です（図6.3）．地形効果や積乱雲のダウンドラフトの冷気の流出で局地的に形成される前線では風の水平シアーが大きくなり，シアー不安定と呼ばれる効果で前線に沿って直径数km程度の渦がいくつか発生し，前線に沿って移動することがあります（図 (a)）．局地前線では風の収束による持ち上げでしばしば積乱雲も発生します（図 (b)）．積乱雲の上昇流が強くなったときに渦が積乱雲の下を通過すると，積乱雲の強いアップドラフトによる吸い上げで渦管が引き伸ばされて竜巻が発生します（図 (c)）．いくつかの条件が都合よく重なったときに発生しますが，非スーパーセル竜巻は次に述べるスーパーセル竜巻に比べて弱いと考えられています．

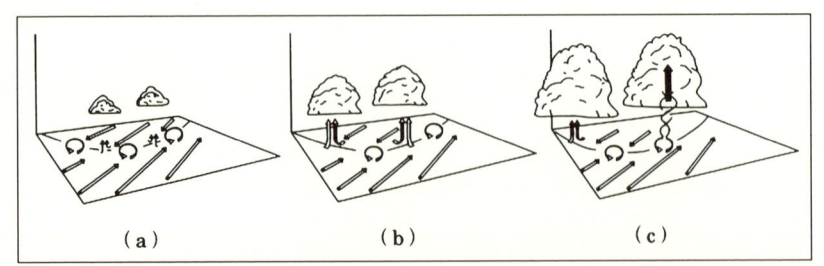

図6.3 非スーパーセル竜巻発生の概念図（ワキモト（Wakimoto）他，1989）
矢印付きの太線は風を示します．シアー不安定などにより局地前線に渦が発生し(a)，局地前線に沿って積乱雲も発生します(b)．強い積乱雲が渦の上を通過してアップドラフトで渦管を引き伸ばします(c)

6.3.2　スーパーセル竜巻

　スーパーセルと呼ばれる特殊な積乱雲に伴って発生する強い竜巻がスーパーセル竜巻です．2006年11月に北海度佐呂間町で発生した竜巻も，2006年9月に台風13号に伴って延岡市で発生して死者3名など大きな被害をもたらした竜巻もスーパーセル竜巻だったことが確かめられています．

　風の鉛直シアーが強い環境場で発生する積乱雲は一般に，寿命が長くて激しい現象を発生させます．その中でも渦度の大きさが 10^{-2}/s 以上の反時計まわりの回転性上昇気流（メソサイクロン）を持つ積乱雲がスーパーセルと定義されています．メソサイクロンの大きさは直径数km程度で雲低付近に存在しています．渦度 10^{-2}/s のメソサイクロンが一様な角速度で回転しているとすると，中心から距離2kmのところの風速が10m/sとなる強い回転です．メソサイクロンは積乱雲の中の通常のアップドラフトとは別の強い上昇流を伴っています．この上昇流が渦管を急速に引き伸ばす働きをします．スーパーセル竜巻の発生には，メソサイクロンの発生と，竜巻の元になる渦の発生の二つが関係しています．

　(a) メソサイクロン

　メソサイクロンの大きな鉛直渦度は大気中に存在している水平渦度が鉛直渦度に変換されて生成されます．図6.4は北向きの水平渦度（コラム8参考

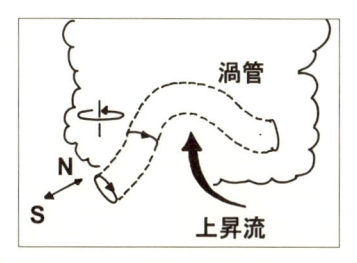

図6.4 北向きの水平渦度（東西断面では時計周りの回転）の渦管が積乱雲の中で持ち上げられて，反時計まわりの鉛直渦度の渦管に変換される過程を示す模式図．

図2（b）参照）を持つ気流が積乱雲に流入し，積乱雲の上昇流で渦管が持ち上げられ，反時計回りの鉛直渦度の渦管が形成される機構を模式的に示しています．この渦がメソサイクロンに発達します．メソサイクロンが形成されるスーパーセルは風の鉛直シアーが強い環境場で発達する積乱雲ですから，渦管の立ち上がりによるメソサイクロンの発生も起きやすいと考えられます．

(b) 竜巻の発生

メソサイクロンは低気圧性に回転する強い風が吹いているので，強い低気圧となります(133頁の脚注のバケツを回転させる例を思いだしてください)．気圧が低下するので下から気流が流入し，強い上昇流が生成されます．この上昇流が地上付近の渦を引き伸ばして強い竜巻を発生させると考えられています．地上付近の渦の発生はよくわかっていませんが，スーパーセルから生じる強いダウンドラフトの冷気が流出するときに生じる局地前線（ガストフロント）で生じる可能性も考えられています．

6.4 竜巻の監視

スーパーセルから必ず竜巻が発生するわけではありません．竜巻を発生させるスーパーセルは全体の半数以下とみられていますが，ドップラーレーダーでスーパーセルに伴うメソサイクロンを検出することは竜巻の発生を監

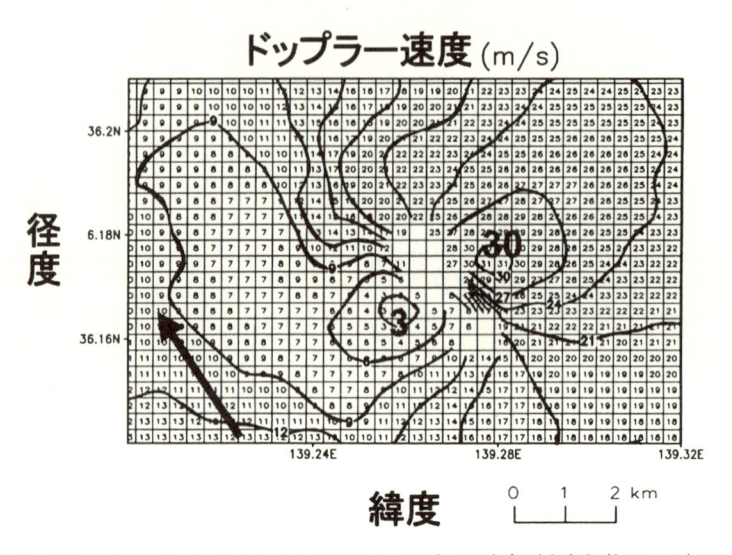

図6.5 図の中央付近にあるメソサイクロンのドップラー速度（大久保他，2004）
図の左下隅の太矢印はレーダービームの向きを示します．メソサイクロンはビームとほぼ同じ向きに移動しているので，移動速度と回転の風の合成でドップラー速度の非対称が生じています．

視する重要な手段です．図6.5は2002年7月10日，埼玉県と群馬県の県境付近で竜巻が発生した時の，ドップラーレーダー観測による風速成分です．左下隅の太矢印はレーダービームの向きです．実線はドップラー速度で3m/s毎です．

　図の中心付近の空白部を挟んで速度に大きな差があり，速度の極大（30m/s）と極小（3m/s）が見られます．ドップラー速度はビーム方向の風速成分ですから，この事例ではビームの向きとほぼ同じ方向に移動するメソサイクロンの風速が観測されていると解釈されます．近似的に右側はメソサイクロンの風速と移動速度の和，左側はメソサイクロンの風速と移動速度の差とみなされます（もしメソサイクロンが静止していれば，右側のドップラー速度が正，左側のドップラー速度が負となります）．この速度分布から計算すると，メソサイクロンの鉛直渦度は2.8×10^{-2}/sのおおきさになります．メソサイクロンはドップラー速度の特徴的分布から検出することができます．

7. 熱的低気圧

7.1 熱的低気圧の生成

7.1.1 日射加熱と気温の日変化

　日射による加熱等で対流圏下層が昇温して生じる弱い低圧部を熱的低気圧と呼びます．初めに日射加熱による気温の日変化の様子を調べます．図7.1の模式図で高さ h_0 は大気境界層の高さで地表面から1km程度です．日射加熱による気温変化はおおむね h_0 以下で生じます．T_1 が朝の地上気温，T_2 が日中の地上気温を表します．夜間の放射冷却で地表付近の気温が低下するので，朝は気温の減率は小さくなります．日中は T_2 まで昇温して，点線で表す日中の気温減率はおよそ1℃/100mとなります．

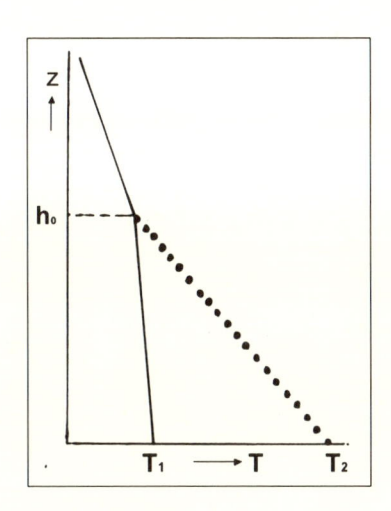

図7.1　日射加熱による気温変化の模式図
　　　　h_0 は大気境界層の高さ．実線は朝の気温分布．点線は日中の気温分布．日射加熱により地上気温は T_1 から T_2 に上昇します．

7.1.2 熱的低気圧形成の原理

地表面付近が加熱されると，空気の密度が小さくなって層厚が大きくなるので上空の等圧面高度が高くなり，下層の加熱域の上は高気圧となります（図7.2 (a)）．高気圧域からは周辺に風が吹きだすので空気量が減り，地表付近は低圧部となります．低気圧域には地表付近で収束して上昇する弱い循環が形成されます（図7.2 (b)）．これが熱的低気圧の形成原理です．日射加熱の及ぶ高さが高々1kmなので，熱的低気圧は高さの低い現象です．

これまで説明してきた他の低気圧と異なり，熱的低気圧は地域的な加熱差の効果で発生する低気圧なので移動しません．相対的に加熱が強い場所に停滞し，日中に発生（発達）して夜間に消滅（衰弱）します．あるいは夜間は逆に高気圧となります．前線もありません．大陸の亜熱帯域では夏期間に通常みられる現象で，局地的な気象をもたらします．

7.2 日射加熱と局地風

熱的低気圧は水平方向の加熱差によって生じますが，加熱差をもたらす要因も加熱差により生じる現象も一つではありません．たとえば海岸に近い地域で吹く海陸風や山岳の斜面で吹く斜面風，山岳の谷間と平野部の間で吹く山谷風も日射加熱や放射冷却の影響による水平方向の加熱差で生じます．海

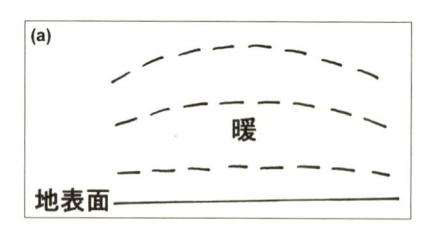

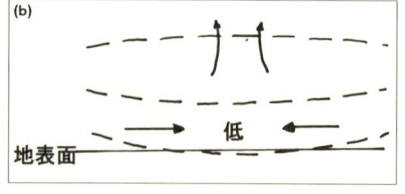

図7.2　熱的低気圧の生成を説明する模式図
　　　日射加熱で地表面付近の気温が上昇すると層厚が大きくなり，その上が高気圧になります（a）．高圧部から空気が吹き出して地上は低気圧となるので水平収束が起こり循環が生じます（b）

7. 熱的低気圧

陸風や山谷風は一般に局地風と呼ばれますが熱的低気圧の形成はこれらの局地風と密接に関連しています．熱的低気圧を調べる前に，関連する局地風を簡単に説明します．

7.2.1 海陸風

陸上の気温は，日中は日射加熱で昇温し夜間は放射冷却で冷却します（図7.1）．一方海上の気温はほとんど日変化しません．これにより陸上の空気と海上の空気との間に気温差が生じます．日中に陸上の相対的に暖かい空気の上空で等圧面高度が高くなるのは，熱的低気圧の形成のところで説明した原理と同じです．上空では気圧が高くなった陸上から気圧の低い海上に向かう流れが生じ，陸上の気圧が下がります．地表近くでは海上から気圧の低い陸へ向かう風が吹きます．夜間は陸上の気温が海上の気温より相対的に低くなるので日中と逆の循環になります．よく知られているようにこれが海陸風の原理です．日中は海上から陸へ向かって海風が吹き，夜間は陸から海上へ向かう陸風が吹きます．地域により特徴的な海陸風が吹きますが，関東地方は広大な平野があって海陸風が発達しやすい地域です．

図7.3に相模湾沿岸で観測された海陸風を示します．9時ころから海風が吹き始め15時頃に最も強くなっています．一番強いときでも海風の高さは1km程度で，それより上では陸から海へ向かう反流が吹いています．風速

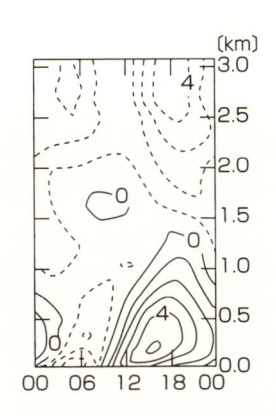

図7.3 相模湾沿岸で観測された海陸風（藤部と浅井（Fujibe and Asai），1984）
縦軸は高さ，横軸は時刻．風速（m/s）の実線は海風，点線は陸風．

の最大は 5m/s 程度で高さ 200m 付近に見られます．海風が内陸へ侵入する距離は地表面状態などの条件に依存します．図 7.3 から地表付近の風が平均 1.5m/s で 12 時間継続すると仮定すると，65km 進むことになります．海風の侵入距離は沿岸から数 10km とみなせます．

7.2.2 山谷風

　日中は山の斜面が日射で暖められるので，斜面に接する空気は同じ高度で斜面から少し離れたところの空気より暖かくなります．この気温差で斜面に接する空気塊に浮力が生じ，空気塊は斜面に沿って上昇します．これが斜面上昇風です．山に登ると下から心地よい風が吹いてくることは多くの人が経験しているでしょう．夜は放射冷却で地面が冷えるので斜面に沿って下降する斜面下降風が吹きます．

　両側を斜面に囲まれ，平野部に出口がある谷を考えます．日中に谷の両側で斜面上昇風が生じると，上昇した気流の一部は谷の上空から下降して断熱昇温し，谷内の気温が上昇します．谷の斜面を温めた日射の熱が空気の運動により谷内全体に行き渡ることになります．

　谷内全体の空気が暖まるとその上部では同じ高度の平野部より気圧が高くなり，海陸風のところで説明したと同じ機構で，上空では谷側から平野部に向かう流れが生じ，地表付近では平野部から谷に向かう流れが形成されます．これを谷風と呼びます．夜間は逆に谷の斜面で下降流，地表付近で谷から平野部に向かう風，上空では平野部から谷に向かう流れとなります．これを山風と呼びます．山谷風循環の及ぶ距離も小さいです．図 7.4 に山谷風循環の模式図を示します．

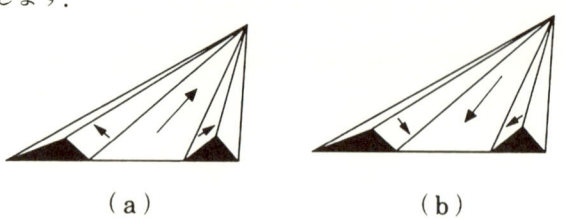

(a)　　　　　　　　(b)

図7.4　山谷風循環の模式図（山岸，2011）
　　　　日中は平野部から谷をさかのぼる谷風が吹き（a），夜間は谷から平野部に山風が吹きます（b）

7.3 中部山岳域の熱的低気圧

7.3.1 熱的低気圧と広域局地風

　夏に風が弱くてよく晴れているときは中部山岳地帯に中心を持つ熱的低気圧がしばしば発生します．図7.5は1983年7月29日9時の地上天気図です．日本付近には等圧線が少なく気圧傾度が弱いことが分かります．図7.6は29日15時の海面気圧分布（図(a)）と地上風の分布（図(b)）で，中部山岳地帯と関東地方を拡大して示しています．図7.6 (a) では1000hPaを差し引いて1hPa毎の気圧で示していますが，中部山岳地帯（＋印）に中心を持つ，周辺より4hPa低い熱的低気圧があります(註)．山岳域で薄い色をつけた部分は海抜高度1000m以上，黒塗り部分は2000m以上の地域です．図7.6 (a) で上田市のある盆地の平均高度はおよそ450mです．図7.6 (b) の細線の矢印は風向と風速（線の長さ）を示しています．地上風が中部山岳域に収束する傾向が見られ，太実線は風の収束線を示しています．風の収束線

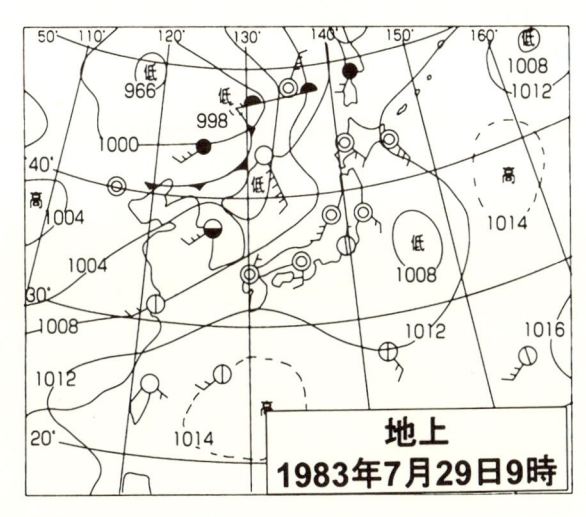

図7.5　1983年7月29日9時の地上天気図（栗田　他，1990）
　　　　実線は等圧線（4hPa毎）．日本付近は気圧傾度が弱くて風が弱い状態です．

は山岳の尾根線とほぼ一致しています．

図7.6 (b) の三つの太矢印は熱的低気圧に収束する主な地上風系を概略的に示しています．これをみると海陸風が山岳域の狭隘部を通って熱的低気圧に収束するように吹いていることがよくわかります．特に相模湾，東京湾，千葉県の太平洋岸から吹く海風の山岳域への収束が顕著です．海陸風の及ぶ水平距離は数10km程度であることを説明しました．一方図7.6 (b) では海風が谷風と一つにつながって広域の風系を形成しているように見られます．関東平野と中部山岳域で発達するこの広範囲の局地風は広域局地風と呼ばれることがあります．

上田市ではこの日夕刻高濃度大気汚染が記録されています．図は示しませんが上田市方面に達した高濃度汚染物質の移動経路は京浜地帯から移動する空気塊の軌跡とよく一致していて，汚染質が京浜工業地帯で発生して運ばれたことが分かります．京浜工業地帯で発生した大気汚染物質を，発生源から直線距離で200kmも離れた上田市に輸送する広域局地風の形成には熱的低気圧が大きな役割を果たしていると考えられています．

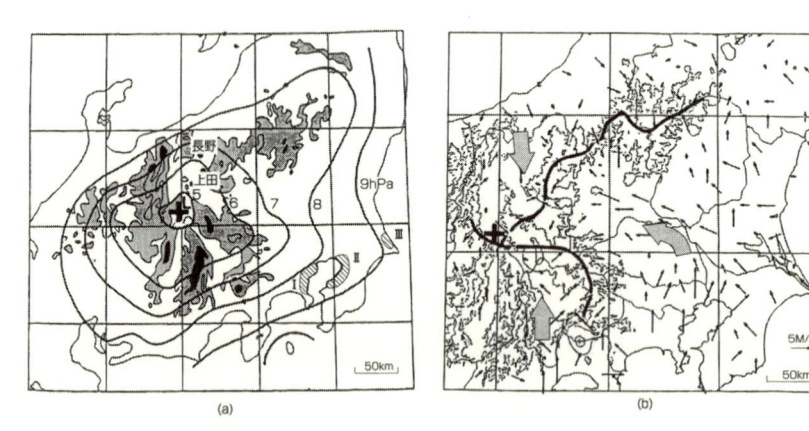

図7.6　1983年7月29日15時の中部山岳地帯を拡大した海面気圧分布 (a) と地上風の分布 (b)（栗田　他，1990）
　　　　図 (a) の実線は海面気圧で1000hPaを差し引いた値．＋は熱的低気圧の中心．山岳域で薄い色をつけた部分は海抜高度1000m以上，黒塗り部分は2000m以上の地域．図 (b) の太実線は風の収束線．矢印付き実線は地上風の風向と強さ．風速は図の右下の矢印参照．太い矢印は中部山岳域に収束する主要な風系を示します．

(註)高度の高い地点の海面気圧の計算についてはコラム1を参照してください．中部山岳域の気温の日変化の大きさを勘案すると，日中の気温上昇により，海面気圧は実際の気圧よりおよそ2hPa低く計算されているとみられます．

7.3.2　中部山岳域の熱的低気圧の形成要因

　熱的低気圧が形成される一般的原理はすでに説明しました．中部山岳域の場合にこの原理が特に効果的に働く要因は何でしょうか．広大な地域でなければ熱的低気圧が形成されないのは当然ですが，これに加えて，中部山岳域の海抜高度が高いことが効果的に作用していると考えられています．

　山岳域でも日射の強さは平野部と変わりませんから，日中は日射加熱で地表面付近の大気が温められて大気境界層が発達します．もし水平規模の大きい場の風が弱くて山岳域の下層大気があまり移動しなければ，山岳域の地上付近の気温は同じ高度の平野部の気温より高くなります．これを図7.7に模式的に示します（図7.1の気温の日変化も参照してください）．平野部と山岳域で地上気温が同じだけ上昇し，同じ大気境界層が形成されたとします．山岳域の地表面高度で比較すれば，日中は山岳域の気温が平野部の気温より高くなることが推定されます．実際この日の長野県佐久市の地上付近（高度およそ700m）の気温と平野部の高崎付近の同じ高度の気温を比較するとこ

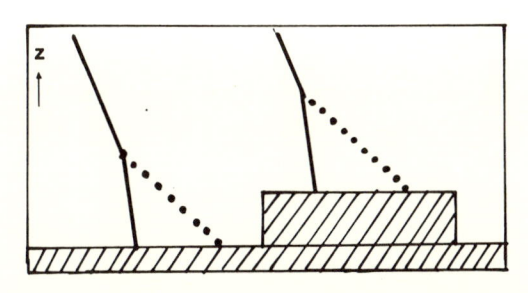

図7.7　山岳（台地）上と平野部の気温の日変化の模式図．斜線部は地面で，実線と点線は気温．気温の日変化は図7.1の模式図と同じで，平野部と台地上で同じ日変化が起こると仮定すると，台地上の地上気温は同じ高度の平野部よりも，日中の気温上昇が大きくなります．

れが確かめられます．3時では佐久市付近の地上気温は高崎の同高度の気温よりおよそ3℃低いのですが15時には逆に3℃高くなっています．また山谷風の循環による谷内での下降流も山岳域の気温を高くするのに寄与します．この結果山岳域では山岳の無い場合に比べて海面から高くまで及ぶ熱的低気圧が効果的に形成されると考えられます．

　図7.5の地上天気図で示しましたが，この日は日本中央部ではとても風が弱い状態でした．また上田市では晴れて風が弱い日に大気汚染濃度が高くなる傾向があります．これらの事実は，熱的低気圧の発達が広域局地風の形成に大きく寄与していることを示唆しています．

8. 地形の影響と天気

8.1 局地の天気

　本書は性質の異なるいろいろな低気圧の構造や発生要因など基礎的な説明を目的としたので，特定の地域の天気のことは触れていません．最後に補足として地域的な天気分布に対する地形の影響を考察します．

　温帯低気圧や台風，前線に伴う雲や降水の分布を気象衛星の雲画像やレーダー画像で示しました．また気圧分布や降水分布のモデルもいくつか示しました．しかし特定の局地の天気を考えるにはこれでは不十分です．それには三つの理由が挙げられます．一つは現象には多様性があり，一つの事例では代表できないからです．二つは天気にはメソスケール現象が大きく影響します．本書では竜巻のほかに第7章で少し取り上げましたが，強い降水をもたらす対流現象は扱っていません．三つは地形の影響です．地形の影響は場所により異なりますから一般的な説明は困難です．しかし特定の場所に限定すれば類似な現象が繰り返すので経験を深めることができます．ここでは地形の影響を2，3の事例で説明します．

8.2 台風に伴う降水分布と地形

　図8.1は台風12号が南から四国に接近している2011年9月2日の日積算降水量です．100mm毎の等値線を太線で示してあります．徳島県東部，高知県東部の四国山地の東側斜面，和歌山県，三重県，奈良県などの紀伊山地の東側斜面で雨量が多く，600mmを越えた所もあります．雨量の多い所は台風の循環の東〜南東の風が吹きつける山岳地域です．台風の移動速度が遅かったので9月3日もほぼ地域で同じ程度の降水量があり，洪水，土砂災

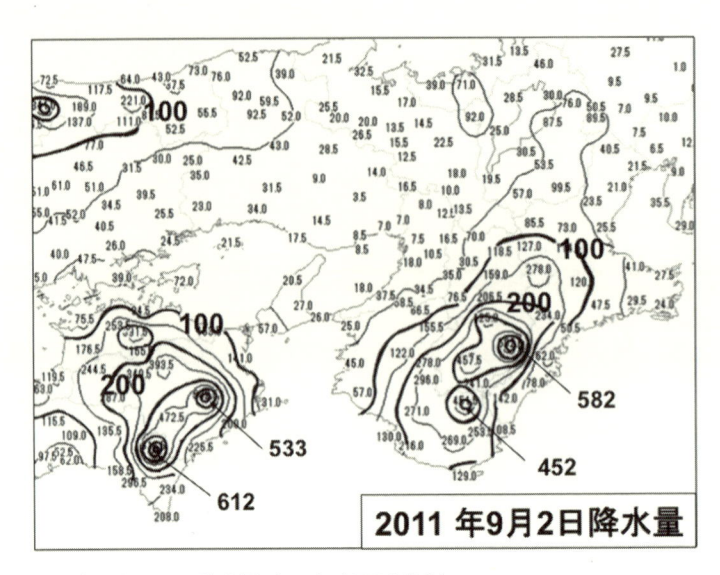

図8.1 2011年9月2日の日降水量（mm）（APLA出力）
極値を数値で示してあります．四国東部および紀伊半島の山地の東側斜面で降水量が多く，日降水量が600mmを越えた所もあります．

害などで大きな被害が発生しました．

　図8.2は2011年9月2日21時のレーダー合成画像です．紀伊半島の東側，四国山地の東側にみられる，濃い黒色の内側の白い部分（矢印）は特に降水強度の強い場所です．降水域は広範囲にみられますが図8.1で降水量の多かった四国山地の東側斜面，紀伊山地の東側斜面及び日本アルプスの東側で発達した積乱雲の強いレーダーエコーが見られ，山岳の影響を示しています．山岳斜面での強制的な上昇流が積乱雲の持ち上げに作用していると考えられます．台風は同心円的な風系が明瞭で，対流が起こりやすい鉛直成層なので，降水分布に山岳の影響が顕著に現われます．

8. 地形の影響と天気

図8.2 台風2011年12号のレーダー画像（2011年9月2日21時）
濃い黒色とその内側の白い部分は降水強度の強い領域です．四国東部，紀伊半島の山地の東斜面（図中の矢印）に特に強いエコーが見られます（APLA出力）

8.3 温帯低気圧と関東地方の気象

8.3.1 温帯低気圧の接近前の気象

図8.3は1983年4月22日6時の地上天気図で，等圧線の間隔は2hPaです．中国地方日本海側に1000hPaの低気圧があります．図にはその前後の低気圧中心と前線の位置も記入されています．図8.4は22日6時の関東地方の地上風です．図をみると関東平野では北寄りから北東の弱い風，関東平野の西側と北側の山地および房総半島の太平洋側沿岸と南の海上では南寄りのやや強い風が吹いています．図の一点鎖線は海上及び沿岸部の南寄りの風と関東平野の北あるいは北東の風との境界の不連続線を示しています．山地の南寄りの風と平野部の北あるいは北東の風との間を太実線で分け，いくつかの地点の海抜高度を数値で示しています．400m〜500mより高い所は南寄り

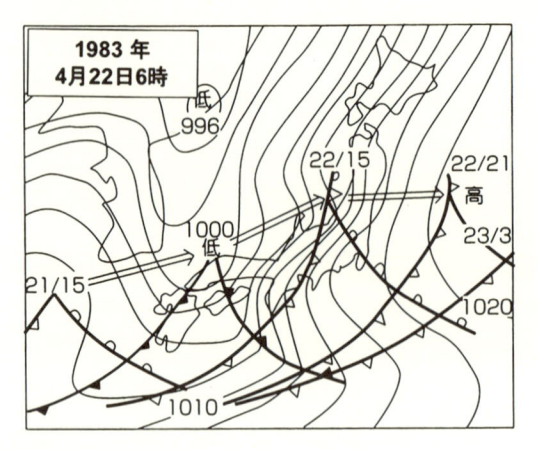

図8.3 1983年4月22日6時の地上天気図（山本，1984）
等圧線の間隔は2hPa毎．中国地方日本海側にある1000hpaの低気圧中心と前線の時間経過も示されています．

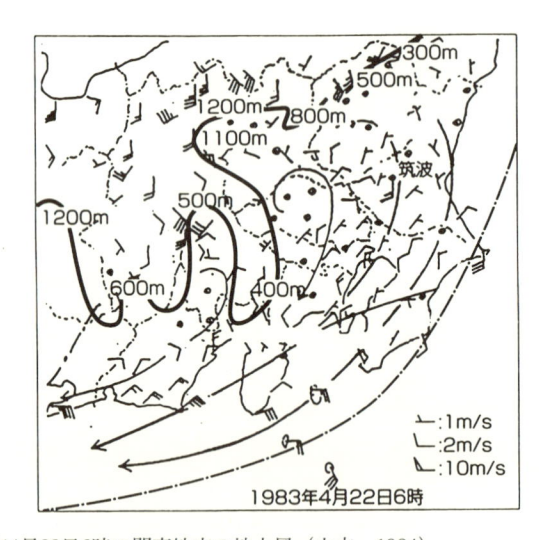

図8.4 1983年4月22日6時の関東地方の地上風（山本，1984）
一点鎖線は関東平野の北〜北東の風と房総半島太平洋側沿岸部及び南海上の南寄りの風との不連続線を示します．関東平野の西および北側の山地の南寄りの風と平野部の北〜北東の風の境が太実線で示されています．線に付された数値はその場所の海抜高度です．細実線は地上風の流線で風速はアメダス風表示（図1.6の図説参照）です．

8. 地形の影響と天気

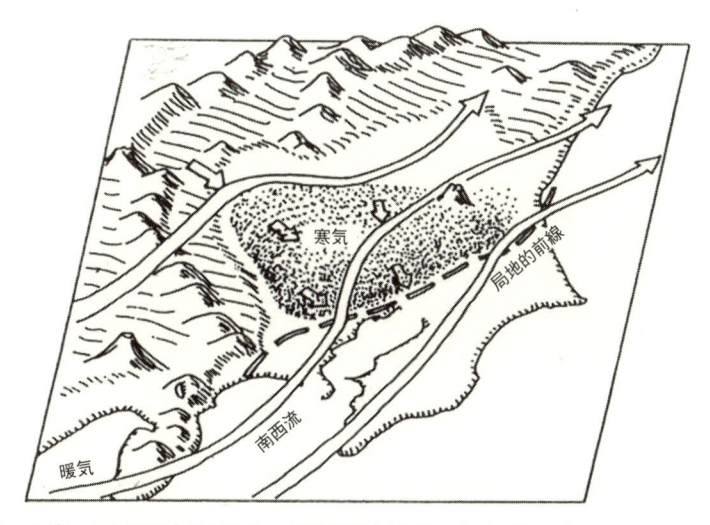

図8.5 山岳により移動を妨げられ，温帯低気圧前面で吹く暖気に蓋をされて関東平野に冷気が滞留することを示す模式図（大原，鵜野，1997）
北東から南西に延びる不連続線は房総半島方面から移流する暖気と平野部の冷気との間に形成されています．

の風が吹いています．

　図8.3の気圧配置をみると，関東平野では南寄りの風が吹くと推定されるにもかかわらず北〜北東の風が吹いています．これは関東平野で見られる特徴で，秋から春にかけて低気圧中心が日本海や関東地方の北部を通過するときにしばしば起こります．関東平野の冷気が西側と北側の山岳にさえぎられて移動せずに滞留して小さな高気圧を形成し，南寄りの相対的暖気は冷気の上を吹くと推定されます．図8.3の太実線の北側に見られる南寄りの風は相対的暖気の風です．

　図8.5は図8.4に示されている風の分布が生ずる要因を説明する模式図です．山地に移動を妨げられて関東平野に滞留する冷気が黒い点の集まりで表されていて，その上を白い帯で示される暖気が通過しています．筑波山頂が冷気層の上に出ていて，冷気層の高さが低いことを示しています．冷気域は弱い高気圧になるので風が時計回りに吹き，図8.4のような風分布となります．図の太破線で示されいる不連続線の位置は状況により沿岸部から内陸まで変わり，沿岸前線と呼ばれることもあります．

149

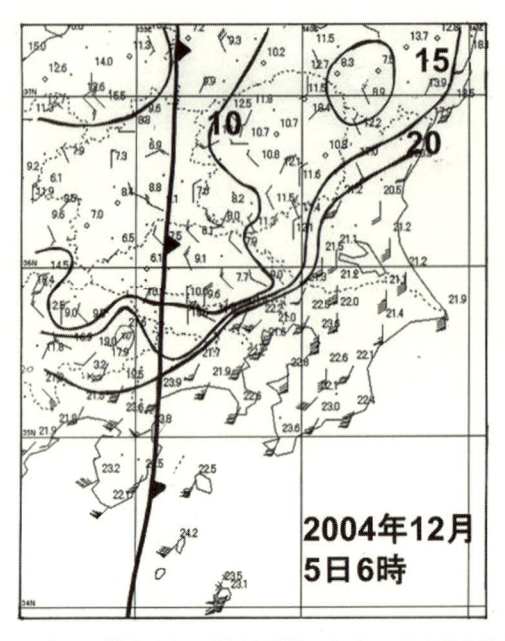

図8.6 温帯低気圧の中心が関東地方の北側を通過した時の,地上風と地上気温の分布（山岸，2007）．2004年12月5日6時．風速はアメダス風表示（図1.6の図説参照）．関東地方の北側を通過した温帯低気圧に伴う寒冷前線も示してあります．風と気温及び不連続線の分布が図8.5の模式図によく類似しています．

8.3.2　温帯低気圧通過時の気象

　もう一つ類似の例を示します．図8.6に2004年12月5日6時の関東地方の地上風の分布を示します．実線は等温線で5℃毎に，20℃，15℃，10℃の等値線が示されています．関東地方の北側を通過した低気圧に伴う寒冷前線も地上天気図から転記されています．関東平野の風と気温の分布は，天気図の寒冷前線から想定される風と気温の分布とは異なっています．関東平野では南寄りの風と西寄りの風の間の不連続線が北東から南西に延びていて，寒冷前線とほぼ直交しています．この事例では風の不連続線は同時に気温の不連続線でもありますが図8.5の模式図によく類似しています．

　図8.6では東京付近で等温線が特に混んでいます．東京タワーの観測データによれば高度100m付近に強い接地逆転層があり，逆転層内では1kmで

8. 地形の影響と天気

5°C程度の強い水平気温傾度が存在していました．房総半島方面からの暖気移流が強く不連続線が内陸まで移動すると，滞留している冷気との間の気温傾度も大きくなります．

舘野の高層観測によれば地表面から高度350m～400mにも気温の逆転層があり，これが冷気層の高さです．この高さは図8.4の事例から推定した高さとほぼ同じです．夜間の放射冷却で形成された接地逆転層の高さは100m程度でしたので，冷気層は放射の効果だけで生成されるのではなく，関東地方の南西側の比較的低い山地を越えて吹く暖気に蓋をされるように(図8.5)，気流の影響で冷気が滞留しているとみなせます．

図8.4の事例も図8.6の事例も午前6時のデータが示されています．夜間の放射冷却による気温低下は早朝に最も大きくなるので，ここで示した関東平野の風と気温分布の特徴は早朝に顕著に見られます．日射による加熱で地面付近の気温が上昇すると接地逆転層が消滅し，鉛直乱流混合が盛んになります．この結果大気下層の関東平野の空気と海上からの暖気との違いが不明瞭になり，上に示した風や気温の特徴的分布や局地的な不連続線も消滅します．

8.3.3 寒冷前線の通過と気象変化

関東地方では温帯低気圧が接近して暖気移流が大きくなるとき，夜間の放射冷却で生成された地上付近の冷気が，西側と北側にある山岳にさえぎられて移動できずに滞留し，低気圧接近に伴う標準的な気象経過が見られないことを説明しました．寒冷前線後面の寒気も中部山塊に妨げられるので，関東平野への流入は通常の天気図に描かれる前線通過よりも半日以上遅れるのが普通です．しかも寒気は関ヶ原とか上越国境，会津方面の山岳の狭隘部を通過して移動してくるので，東京などの関東平野部ではたとえば図2.8に示したような寒冷前線通過に伴う典型的な気温，風等の気象変化が観測されることはほとんどありません．

8.4 現代の観天望気

　現代では天気予報や気象解説以外に，アメダスやレーダー，気象衛星などの詳細かつ広範囲の観測資料がインターネット等を通じて即時的に入手できます．大きい空間規模の現象は数値予報で精度よく予想されます．しかし特定の地点で見れば時間的にも空間的にも予想と実況にはずれがあります．また局所的な天気は地形の影響等により，教科書などで解説される気温や降水分布とは異なることがしばしばです．参考書などでモデル的な気象経過を学ぶと同時に，実際の現象とモデル的気象経過の違いに注意して，アメダスやレーダー画像資料などを見る習慣を身につけると，気象への興味が深まると同時に気象情報の活用度が高まることと思います．これが現代の観天望気といえるでしょう．

低気圧に関連する気象を更に理解するために

　本書は総観的な見方でいろいろな低気圧の特徴を解説しています．更に理解を深めるに，二つのことをお勧めします．一つは本書では殆ど説明しなかった気象学の基礎知識を深めることです．気象熱力学，降水物理，放射，対流等の基礎的な知識を学ぶことで，各種現象に伴う天気の理解が一段と深まります．もうひとつは，気象現象についてできるだけ多くの事例の解説（天気の診断）を参照することです．以下に比較的やさしくて読みやすく書かれた書籍を挙げておきます．激しい天気をもたらすメソスケール現象の発生は温帯低気圧等の大きな規模の現象に支配されます．また実際の天気は地形や海陸分布の影響を大きく受けます．この観点からメソスケールや局地気象の参考書も挙げてあります．

　各種の本を読むときには，手軽に参照できる気象用語の事典があると便利です．基本的，基礎的な用語の平易な解説がなされている用語事典を2冊挙げておきます．

（1）気象学入門書

小倉義光，1999年：一般気象学（第2版），東京大学出版会
山岸米二郎，2011年：気象学入門―天気図から分かる気象の仕組み―．オーム社

（2）事例解析（天気診断）の解説書

松本誠一，1987年：新総観気象学―大気を診断し予測する―．東京堂出版．
浅井冨雄，1996年：ローカル気象学．東京大学出版会．
山岸米二郎，2002年：気象予報のための風の基礎知識．オーム社．

（3）用語事典

二宮洸三・山岸米二郎・新田尚，1999年：分かりやすい気象の用語事典．オーム社．
山岸米二郎監訳，2008年：オックスフォード気象辞典（第2版）．朝倉書店．

付録　天気図の記入形式と記号

I　天気図記号の概略的把握

　天気図に観測データを記入する記号と形式は国際的に定められています．天気図を見慣れていない初心者は，詳細にこだわらずに主要な要素を概略的に把握してください．

- 風向：8方位から16方位程度で把握します．
- 風速：弱いか（10ノット以下），強いか（20ノット以上），非常に強いか（50ノット以上）で把握します．
　　1ノットは毎秒0.5148mです．大まかに2ノット＝1m/sで換算します．
- 気温：気温の日変化があるので天気図の時刻に注意が必要です．また同じ天気図時刻でも経度により地方時が異なるので注意が必要です．
- 全雲量：細かい区分ではなく雲量が多いか（雲量7以上）少ないか（雲量6以下）に着目します．雲量がおおいほど黒い部分が多くなります．
- 現在天気：降水（雨，雪）があるか否か．雷雨があるか否かに注意します．雲の種類に詳しい人は，雲形にも着目すれば楽しい．
- 前線等の記号：寒冷前線，温暖前線，閉塞前線，停滞前線の違いを見分けます．
- 高・低気圧等：H（高気圧），L（低気圧），T（台風），W（暖気），C（寒気）の記号を理解します．

Ⅱ 記入形式と記号の説明

(1) 地上天気図

地上観測データの地上天気図記入形式を図A.1に，その記号の説明を以下に示します．

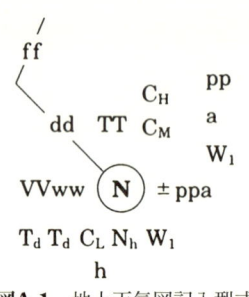

```
          /
         ff
             C_H    pp
       dd TT C_M    a
                    W_1
       VVww (N) ± ppa
       T_d T_d C_L N_h W_1
               h
```
図A.1 地上天気図記入型式

ddff：風向・風速．風向は36方位で示し，風速は5ノット単位（2捨3入）で示します．

すなわち，短矢羽は5ノット，長矢羽は10ノット，旗矢羽は50ノットです．

風速表示例は図A.2参照．

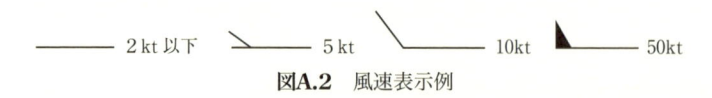

```
── 2kt 以下    ── 5kt    ── 10kt    ── 50kt
```
図A.2 風速表示例

TT：気温〔℃〕．

ww：現在天気．100種類の天気が記号で分類されている．主な現在天気記号（図A.3）参照．現象の強度や連続性を表すのに，天気を表す記号を縦および横に並べて記します．例えば，雨の場合は，・弱い雨（止み間があった）．：並雨（止み間があった）．★強い雨（止み間があった）．‥弱い雨（止み間がなかった）．∴並み雨（止み間がなかった）．■強い雨（止み間がなかった）などです．

記号	天気	記号	天気	記号	天気
⌐	煙	＝	もや	✽	雪
∞	煙霧	≡	霧	⧖	しゅう雪
S	じんあい	•	霧雨	⦂	みぞれ
S→	砂じんあらし	●	雨	△	あられ
+	地ふぶき	▽	しゅう雨	⌐K	雷

図A.3 主な現在天気の記号

VV：規程．階級分けした km 単位．

$T_d T_d$：露点温度〔℃〕．

N：全曇量．雲が全然ないとき 0，雲が全天を覆うとき 10 とする．雲量と記号表示（図 A.4）参照．

雲量 (10分量)	なし (雲が ない)	1以下 (0で ない)	2～3	4	5	6	7～8	9～10 (隙間 あり)	10 (隙間 あり)	不明
雲量 (8分量)	なし	1以下	2	3	4	5	6	7	8	不明
記号	○	◐	◔	◔	◑	◕	◕	◕	●	⊗

（注）雲量の表示には，8分量と10分量の2通りある．気象庁にわける地上観層では10分量を．気象データの通報と地上天気図の国際式天気記号では8分量を用いている．

図A.4 雲量と記号表示

C_L：下層雲（層雲，層積雲，積雲，積乱雲）の状態．主な雲形の記号（図 A.5）参照．

主な雲	巻雲	巻層雲	巻積雲	高層雲	高積雲	層積雲	乱層雲	積雲	雄大積雲	積乱雲	積雲→断片 層雲→断片	層雲
記号	⌒	⎯	⌇	∠	～	⌣	⦤	⌒	⌒	⌒	---	

図A.5 主な雲形の記号

N_h：C_L（C_M）の雲量．

h：最低雲底の地面からの高さ〔m〕．50m 未満から 2500m 以上までを 0 から 9 までの 10 階級で表します．

C_H：上層雲（巻雲，巻積雲，巻層雲）の状態．主な雲形の記号（図 A.5）参照．

C_M：中層雲（高積雲，高層雲，乱層雲）の状態．主な雲形の記号（図 A.5）参照．

pp：過去 3 時間の気圧変化量を＋，－の記号と 0.1hPa 単位の数値で表します．

a：気圧変化傾向．平らか右上がりか，右下がりの記号で，変化なし，上昇中，下降中を表します．

W_1：過去天気．過去 3 時間あるいは 6 時間以内の天気を 10 種類の記号で表します．

なお，本来の天気図では気圧変化量の上に海面気圧が記入されますが，一般に公表される解析図では気圧の数値は示されません．

(2) 高層天気図

高層天気図の記入形式を図 A.6 に示します．記号の説明は以下のとおりです．

ddfff：風向，風速．地上天気図と同じ．

hh：高度 10m 単位で表示．例えば，500hPa で 570 とあれば 5700m．一般に公表される解析図では高度は省略されます．

TT：気温（0.1℃単位）．

DD：気温と露点温度の差（0.1℃単位）

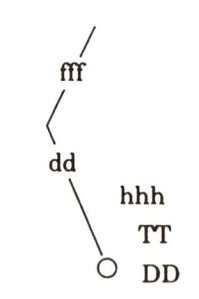

図A.6　高層天気図の記入型式

(3) 天気図解析記号

天気図の解析に用いられる前線などの表示記号を図 A.7 に示します．解析記号は地上天気図，高層天気図の解析に共通です．なお，前線をカラー表示

する場合は以下の色を用います．

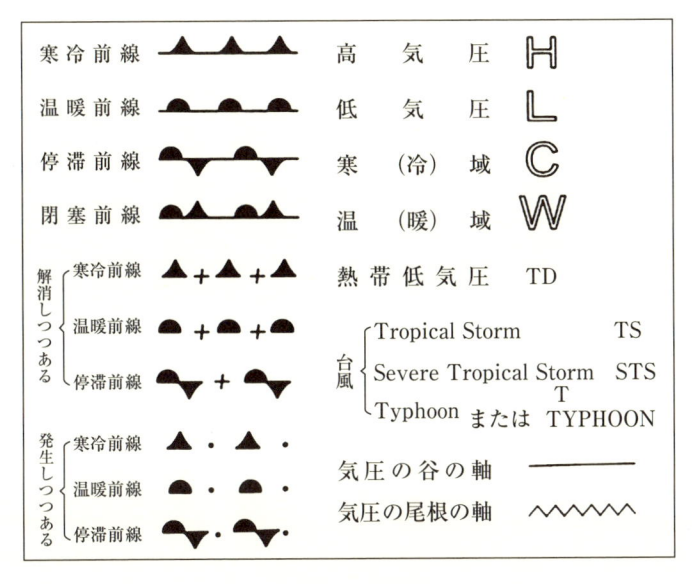

図A.7 解析記号

温暖前線：赤色

寒冷前線：青色

閉塞前線：赤色，青色交互

停滞前線：紫

索　引

〔あ行〕

アップドラフト …………… 85, 111, 133
圧力 …………………………… 23, 42, 84
亜熱帯ジェット気流 ………… 51, 52, 67
亜熱帯前線 ……………………… 54, 67
アメダス観測 …………………………… 16
移動性の高気圧 ………………………… 58
ウインドプロファイラ ……………… 37, 38
渦管 ……………………………… 94, 132
渦管の引き伸ばし …………………… 132
渦状擾乱 ………………………………… 19
渦度 ……………………………… 49, 94
海風 …………………………………… 139
Ｆスケール …………………………… 130
エマグラム ……………………………… 87
沿岸前線 ……………………………… 149
遠心力 …………………………… 46, 82
鉛直渦度 ………………………… 94, 132
小笠原高気圧 …………………………… 54
オホーツク海高気圧 …………………… 54
温位 ……………………………………… 85
温帯低気圧 …… 10, 27, 33, 50, 55, 60, 69, 73, 147
温暖核構造 ……………………… 109, 112
温暖前線 ……………………… 10, 37, 61
温度風 …………………………………… 50

〔か行〕

海面気圧 …………………… 10, 24, 141
海面更正 ………………………………… 24
海洋性熱帯気団 ………………………… 54
海陸風 ………………………………… 138
角運動量 ………………………… 119, 132
角運動量保存則 ………………… 113, 119
角速度 …………………………… 43, 80, 94
下降流 …………………………… 11, 114
ガストフロント ……………………… 135
風 ………………………… 11, 40, 44, 107
下層雲 ………………………………… 157
加速度 …………………………… 41, 82
寒気移流 ………………………… 37, 56
寒気内低気圧 …………………… 18, 121
慣性系 …………………………… 43, 80, 119
乾燥断熱減率 …………………………… 85
乾燥断熱線 ……………………………… 86
乾燥断熱変化 …………………… 84, 111
寒帯気団 ………………………… 53, 91
寒帯前線ジェット気流 ………… 51, 124
寒冷前線 ………………… 10, 32, 61, 151
寒冷低気圧 ……………… 99, 101, 102, 103
気圧 ……………………………… 9, 23, 27
気圧傾度 ………………………… 14, 25, 141
気圧傾度力 ……………………… 42, 82, 112
気圧の尾根 ……………………… 32, 159
気圧の谷 ………………………… 32, 124
気温 ……………………………… 27, 84, 137
気温減率 ………………………… 36, 85, 137
気象衛星 ………………………… 12, 120
気象レーダー …………………… 13, 14
季節風 …………………………………… 21
気体定数 ………………………………… 23
急速発達低気圧 ………………… 73, 106
凝結の潜熱 …………………… 84, 127, 132

局地風	138, 142
空間スケール	21
傾圧大気	89
傾圧不安定	55, 93
傾度風	45, 82
現地気圧	10, 24
広域局地風	141
高気圧	9, 10, 28, 46, 138
向心加速度	46, 82
高層天気図	27
高層天気図の記入形式	158
木の葉状パターン	63
コリオリの力	43, 79
コリオリパラメター	43, 106
コリオリ力	41, 82
混合比	85
コンマ状の雲域	127

〔さ行〕

サイクロン	14
座標系	41, 79
ジェット気流	50, 52
時間スケール	21
シスク（CISK）	115
シベリア高気圧	54
斜面下降風	140
斜面上昇風	140
斜面風	138
自由大気	11, 84
自由対流高度	87
順圧大気	89
瞬間風速	108
条件付き不安定成層	86, 112
上昇流	20, 43, 58
上層雲	158
状態方程式	23
自励的発達	56
水平渦度	95, 134

スーパーセル竜巻	133
スコールライン	21, 91
筋状雲	36
スパイラルバンド	20, 116
成層圏	27, 102
成層圏界面	27
静的安定度	85
静力学平衡	23, 77
赤外画像	12, 19
積乱雲	13, 21, 157
絶対安定成層	86
絶対渦度	94
絶対角運動量	113, 119
絶対角運動量保存則	119, 132
絶対不安定成層	86
切離低気圧	100
旋衡風	48, 82, 131
前線	36, 55, 58, 91, 127
前線帯	32, 51, 53, 54
前線面	37, 58
潜熱	44, 112
総観規模	22
層厚	25, 78
相対渦度	94, 116
相対湿度	84, 91
相当温位	110, 114
速度	41, 80, 119
測高公式	24

〔た行〕

大気境界層	11, 21, 114
大規模	11, 71
第2種条件付き不安定	115
台風	14, 105, 120, 145
台風偵察機	120
台風の目	15, 113, 116
太平洋高気圧	58, 64, 67
大陸性寒帯気団	54

対流	85
対流圏	27, 102, 137
対流圏界面	27, 53, 102
対流有効位置エネルギー	88
対流抑止	88
ダウンドラフト	116, 133, 135
高潮	108
竜巻	20, 129, 135
谷風	140
暖域	10, 35, 62
暖気移流	37, 56, 151
断熱変化	84
断熱膨張	115, 132
短波	70, 75
力	23, 41
地衡風	44, 57
地上天気図	10, 14
地上天気図記入形式	156
地表摩擦	49, 112
中緯度気団	53
中間圏	27
中間圏界面	27
中層雲	158
長波	70
低気圧	9, 20, 64, 73, 90
停滞前線	55, 64
天気図解析記号	158
等圧線	9, 49, 64, 113
等圧面高度	29, 50, 78
等圧面天気図	28, 45, 77
等温線	29, 34
等高線	29, 57
等高度面天気図	28, 45, 78
等速円運動	46
ドップラーレーダー	130, 136
ドライスロット	63
トラフ	32, 55, 78
ドロップゾンデ	120

〔な行〕

南岸低気圧	10, 54
日射加熱	138, 143
ニュートンの運動の法則	41, 43, 80
熱圏	27
熱帯気団	53, 91
熱帯収束帯	52
熱帯低気圧	9, 14, 105
熱的低気圧	137, 141
ノット	50, 155

〔は行〕

梅雨前線	64, 67
爆弾低気圧	73
パスカル	23
ハドレー循環	52
ハリケーン	14, 105
バルジ	63
非スーパーセル竜巻	133
ビヤークネスの低気圧モデル	39, 90
風速	59, 114, 130
浮力	43, 85
ブロッキング	99
ブロッキング高気圧	100, 104
ブロッキングパターン	100
米国標準大気	27
閉塞前線	11, 35
ヘクトパスカル	23
飽和（湿潤）断熱変化	84
飽和水蒸気圧	84
飽和断熱減率	85
飽和断熱線	86
ポーラーロウ	18
ボンブ	73

〔ま行〕

摩擦収束	55, 113, 115

163

摩擦力	41, 112
ミクロスケール	22
密度	23, 138
メソαスケール	125
メソサイクロン	134
メソスケール	22, 145, 153
メソβスケール	125, 128
目の壁雲	15, 106, 110
持ち上げ	67, 87
持ち上げ凝結高度	87

〔や行〕

山風	140
山谷風	138, 144
有効位置エネルギー	112, 115, 127

〔ら行〕

ライフサイクル	27, 33, 56
ランキン渦	131
陸風	139
リッジ	32, 78
流跡線	60, 117
流線	60
レーダーエコー合成図	67
漏斗雲	20, 129, 132
露点温度	29, 64, 158

〔わ行〕

惑星渦度	95
惑星波	70

〈著者略歴〉

山岸　米二郎（やまぎし・よねじろう）

1959年　東北大学理学部地球物理学科を卒業。気象庁入庁。仙台管区気象台長、気象庁観測部長、気象研究所長。
1997年気象庁退官後、(財)日本気象協会、(財)高度情報科学技術研究機構、(財)気象業務支援センターを経て、NPO法人　気象環境教育センター理事長。
理学博士（東北大学）。専門は　気象予報、数値予報。
著書―「気象予報のための風の基礎知識」、「気象予報のための前線の知識」、「気象学入門―天気図からわかる気象の仕組み―」(以上オーム社)。「数値予報と現代気象学」(共著) (東京堂出版)、監訳「オックスフォード気象辞典」(朝倉書店) 他多数。

シリーズ新しい気象技術と気象学2　日本付近の低気圧のいろいろ

2012年1月30日　初版印刷
2012年2月10日　初版発行

著　者	山岸米二郎
発行者	松林孝至
発行所	株式会社　東京堂出版　http://www.tokyodoshuppan.com/
	〒101-0051　東京都千代田区神田神保町1-17
	電話03-3233-3741
	振替00130-7-270
印刷所	東京リスマチック株式会社
製本所	東京リスマチック株式会社

ISBN978-4-490-20757-6 C3044　　Ⓒ Yamagishi Yonejiro 2012
Printed in Japan

シリーズ「新しい気象技術と気象学」

全6冊

本シリーズは、身近な気象を面白く、楽しく、わかりやすく、解説しています。日常的に体験する気象現象の実態を知り、その正体を明らかにした情報を得ることができます。

天気予報のいま	新田　尚　著 長谷川隆司　著	
日本付近の低気圧のいろいろ	山岸米二郎　著	
新しい長期予報（仮）	酒井　重典　著	2012年4月刊行予定
梅雨前線の正体（仮）	茂木　耕作　著	2012年6月刊行予定
新しい気象観測（仮）	石原　正仁　著 津田　敏隆　著	2012年8月刊行予定
激しい大気現象（仮）	新田　尚　著	2012年10月刊行予定

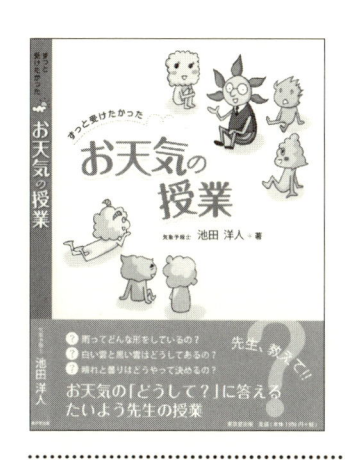

ずっと受けたかった
お天気の授業

池田洋人 ── 著
Ａ５判　156頁
定価（本体1,500円＋税）

たいよう先生が雲の子供達の疑問に答えるお天気の授業。雨や風など誰でも疑問に思うような気象の話題を簡単にわかりやすく、見開き１テーマの対話と図解で楽しく学ぶ。

身近な気象の事典

新田　尚 ── 監修
日本気象予報士会 ── 編
Ａ５判　284頁
定価（本体3,500円＋税）

一般の人が興味を持つ事項や日常生活の中で知っておきたい事項などを網羅、今日の気象学の最新の情報を盛り込み、わかりやすく解説。

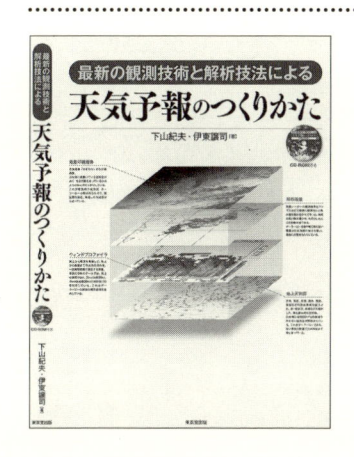

最新の観測技術と解析技法による
天気予報のつくりかた

下山紀夫・伊東譲司 ── 著
四六倍判　288頁
定価（本体5,200円＋税）

新しい観測システムを駆使して高度な天気予報をつくる！
気象衛星画像や解析雨量図などのデータを使った解析方法を詳細に解説！CD-ROM付（Windows XP/Vista, Mac os X対応）